强碱三元复合驱后储层结构变化及结垢机理研究

蒋声东　著

西北工业大学出版社
西安

[**内容简介**] 本书通过激光共聚焦技术，阐述了三元复合驱后微观剩余油类型、分布规律及剩余油轻重组分含量；通过微观可视物理模拟实验，介绍了复合驱油体系微观驱替特征；通过扫描电镜等技术，介绍了三元复合驱后储层的微观孔隙结构、润湿性变化以及结垢情况；通过室内实验，对三元复合驱岩心结垢机理、过程及影响因素进行了分析；通过室内实验结合现场实际，介绍了三元复合驱化学防垢技术等。

图书在版编目 (CIP) 数据

强碱三元复合驱后储层结构变化及结垢机理研究 /
蒋声东著 . — 西安：西北工业大学出版社，2022.6
ISBN 978-7-5612-8226-7

Ⅰ . ①强…　Ⅱ . ①蒋…　Ⅲ . ①化学驱油—研究　Ⅳ .
① TE357.46

中国版本图书馆 CIP 数据核字（2022）第 088805 号

QIANGJIAN SANYUAN FUHEQUHOU CHUCENG JIEGOU BIANHUA JI JIEGOU JILI YANJIU

强碱三元复合驱后储层结构变化及结垢机理研究
蒋声东　著

责任编辑：张　潼		装帧设计：马静静
责任校对：王梦妮		
出版发行：西北工业大学出版社		
通信地址：西安市友谊西路 127 号		邮编：71002
电　　话：（029）88491757，88493844		
网　　址：www.nwpup.com		
印 刷 者：北京亚吉飞数码科技有限公司		
开　　本：710 mm × 1 000 mm	1/16	
印　　张：10.5		
字　　数：122 千字		
版　　本：2023 年 3 月第 1 版	2023 年 3 月第 1 次印刷	
书　　号：ISBN 978-7-5612-8226-7		
定　　价：198.00		

前　言

　　我国大部分油田已经进入开发后期，水驱产量递减加快，剩余油分布零散，挖潜难度大。碱–表面活性剂–聚合物三元复合驱是一种大幅度提高采收率的方法，是油田抑制产量递减、保持稳产的有效办法。随着三元复合驱在现场试验的展开，逐渐暴露出许多新问题：碱与油层水及矿物反应会导致结垢和伤害油层，结垢问题日趋严重，致使工作强度加大，生产井作业周期延长，生产成本增加，严重影响了油田的正常生产；油层动用状况和剩余油分布认识还不够深入，需要系统地研究强碱三元复合驱后油层物性变化和剩余油的分布。

　　研究结果表明：三元复合驱后微观剩余油共分为三大类7小类：①束缚态剩余油，包括孔表薄膜状剩余油、颗粒吸附状剩余油和狭缝状剩余油；②半束缚态剩余油，包括角隅状剩余油和喉道状剩余油；③自由态剩余油，包括簇状剩余油和粒间吸附状剩余油。其中，天然岩心束缚态剩余油相对百分比含量比水驱后少13个百分点，说明三元复合驱对于水驱简单的机械冲刷作用驱替不动的束缚态剩余油的驱替效果更好；三元驱后存在的7种类型剩余油仍然以孔表薄膜状为主，三元复合驱后，地层中重质油所占比例更大；强碱对地层岩石矿物的溶蚀等作用，会形成大量泥质和细小颗粒，从而产生了水驱中不存在的粒间吸附状剩余油。三元驱替剂对地层的溶蚀伤害比较明显，碱溶反应形成的物质对注入压力及采出液均有影响；三元复合驱后岩心润湿性由亲油向亲水方向转变，有利于原油的流动和驱替；长石和石英、黏土矿物的溶蚀现象比较严重，孔隙中充填颗粒状物质，矿物表面有小块次生石英生成，对驱油过程产生不利影响；地层中长石等矿物与碱反应生成的铝、硅垢对流体的流动会形成一定的阻碍；地层中大量的硅酸根离子是硅垢形成的根本原因，其成垢的影响因素很多，近井地带满足成垢条件导致油井出砂严重；SY-401型新型防垢剂同时对钙镁垢及硅垢有良好的防治效果，无动力加药方式更适合于普遍应用。这些结论进一步深化和发展了三元复合驱提高采收率驱油理论，有助于推动油田三元复合驱提高采收率方法的规模化应用进程。

本书对强碱三元复合驱后储层流体的特征、储层物性特征变化及储层岩心成垢规律进行了系统分析，取得下述创新性研究成果。

（1）利用扫描电镜技术对水驱、三元复合驱后天然岩心进行对比实验，结合室内驱油实验、化学实验得出强碱三元复合驱储层物性变化规律、变化的原因及产生的影响。

（2）利用激光共聚焦技术得出三元复合驱后储层剩余油分布及轻重组分分布，将微观剩余油分布状态定义为束缚态剩余油、半束缚态剩余油、自由态剩余油三大类7小类剩余油。在此基础上，根据三元复合驱前后微观剩余油不同含量、类型和分布对比，得出三元复合驱后储层流体分布规律。

（3）综合利用扫描电镜技术、室内实验对强碱三元复合驱结垢机理、过程及垢质形成的影响因素进行深入研究，得到了pH值、时间、聚合物、表面活性剂及成垢离子对结垢的影响以及一定条件下成垢离子浓度范围，结合实际指导现场应用。

　　笔者在撰写本书时，曾参阅了相关文献资料，既受益匪浅，也深感自身所存在的不足。在此，向其作者深表谢意。希望读者阅读本书之后，在得到收获的同时对本书提出更多的批评建议。

著者

2021年4月

目 录

第 **1** 章

绪　论

1.1 研究目的及意义

我国大部分油田经过多年开发，已经进入高含水高采出程度的开发后期，水驱产量递减加快，剩余油分布零散，挖潜难度大，采收率一般为30%～40%。应用大幅度提高采收率技术是油田开发的一个必经阶段，也是老油田抑制产量递减、保持稳产的有效办法。碱水驱、表面活性剂驱、聚合物驱适用于不同的油藏条件和地质条件，在应用中各有利弊。人们希望它们的结合能产生协同效应，提高驱油效率并降低成本，因而发展了碱-表面活性剂-聚合物三元复合驱[1]。这是一种大幅度提高采收率的方法，继1999年油价回升以来，至今原油价格高居不下，给多年来处于低谷的三次采油研究工作带来了动力，世界上一些发达国家也逐渐加大了三次采油的室内研究和矿场试验力度，其中美国相继开展了数个三元复合驱先导试验矿场。2000年，美国国家能源部又追加480万美元的经费专门进行化学驱的研究。不难看出三次采油将成为石油研究领域的又一热点。大庆油田三元复合驱研究始于20世纪80年代，经过多年攻关，突破了大庆油田低酸值原油不适合三元复合驱的理论束缚，实现了表面活性剂的自主生产，确定了井网井距、层系组合和注入参数，形成了自主知识产权的工艺系列和技术体系，三元复合驱工业试验比水驱提高采收率20%以上，目前正在逐步推广，被大庆油田确定为实现持续稳产的主导技术之一[2]。

研究表明：①碱-表面活性剂-聚合物复合驱不仅因体系中含有聚合物，可以降低驱替相的流度，改善油水流度比，提高波及体积，与聚合物驱相比，它在扩大波及体积的基础上，能够进一步提高驱油效率；②更主要的是利用碱和原油中的酸性物质作用生成的表面活性剂与加入的表面活性剂之间的协同作用可产生超低界面张力[3]；③由于碱剂的加入增大了注入液的pH值，降低了价格昂贵的表面活性剂的吸附滞留损失，从而可以在表面活性剂用量很少的情况下形成油水间的超低界面张力，提高了洗油效率[4]。

随着三元复合驱在现场试验的展开，许多新问题逐渐暴露出来。由于三元复合驱驱替地下的水驱残余油是一种复杂的物理化学渗流过程，在当前的模型和测试条件下，不能直接观测三元复合驱驱油过程中的各相流体之间、流体与孔隙或裂缝的壁面之间的相互作用的机理和细节，孔隙内或裂缝内发生的各种化学反应和物理过程以及流体本身运动和滞留的机理、细节和过程[5,6]。对碱水驱或有碱存在的复合驱，碱与油层水及矿物反应会导致结垢和伤害油层，大庆油田在实施强碱三元复合驱过程中，结垢问题日趋严重，致使工作强度加大，生产井作业周期延长，生产成本增加，严重影响了油田的正常生产[7]。随着强碱三元复合驱工业性现场试验及工业化推广，虽然取得了一定的认识，但对于油层强碱三元驱后储层物性变化情况、油层动用状况和剩余油分布认识还不够深入，需要系统地评价油层强碱三元复合驱后储层物性变化和储层流体的分布[8]。本书通过激光共聚焦技术研究了三元复合驱后储层流体分布规律；通过扫描电镜等技术研究三元复合驱后储层的微观孔隙结构、润湿性变化以及结垢情况；通过微观可视物理模拟实验研究复合驱油体系微观驱替特征；通过室内实验研究三元复合驱储层结垢机理及规律；通过室内实验结合现场实际研究三元复合驱化学防垢技术。以期进一步深化和发展三元复合驱提高采收率驱油理论，有助于推动油田三元复合驱的规模化应用进程。

1.2 三元复合驱技术研究现状

1.2.1 化学驱方法概述

化学驱油是指向注入水中加入一定的化学剂，以改变驱替流体的性质及驱替流体与原油之间的界面性质，从而有利于原油生产的一种采油方法。化学驱包括表面活性剂驱、碱水驱、聚合物驱和化学复合驱方法[9]等。

1.表面活性剂驱

以表面活性剂溶液作为驱油剂的一类原油开采方法被称之为表面活性剂驱。此方法提出可以追溯到20世纪20年代，De Groot首先在实验室证明了用浓度为25～10 000 mg/L的多环磺化物和木质素亚硫酸盐废液可提高驱油效率[10]。表面活性剂分子具有两亲结构，一端是亲水基，一端是亲油基，表活剂以很低的浓度溶解在水中，也可使油水界面张力显著下降。此外，表活剂在油水界面定向吸附的特性使得表活剂具有许多独特的表面活性，比如乳化与破乳、起泡与消泡、分散与絮凝等。利用以上的性质，我们制成活性水、胶束溶液、微乳液来进行驱替以获得更高的采收率。

2.碱水驱

碱水驱就是以碱的水溶液作为驱油剂提高采收率的方法。在1927年，P. G. Nutting和H. Atkinson就发现在水中加入碱可以降低油水界面张力。在实际应用中，有普通的碱（比如NaOH），还有水解后可产生碱的盐类（如Na_2CO_3），碱驱还可使用复配碱。碱驱过程中，碱和原油中的某些组分反应能生成表面活性物质以降低油水界面张力；碱与原油中酸性组分反应后生成的表面活性物质能形成微分散状的O/W型乳状液，原油更易被携带，称之为乳化携带作用；低界面张力使原油以半径较大的油珠乳化在碱水中，运移时，如果遇到适当的孔喉就会被捕集，其实质是降低驱油剂的流度，改善了流度比，这是乳化捕集作用；碱能够改变水与岩石、油与岩石、油与水之间的界面张力，这3个值的关系决定了岩石的润湿性；在最佳碱浓度条件下，原油可以自发乳化到碱水中，并发生聚并；碱还可以溶解界面膜以提高水驱后残余油的流动能力，易于被驱动。

然而，表活剂驱与碱水驱在现场的应用并不多，表活剂驱的室内实验很成功，但现场由于表活剂窜等许多原因大多失败了，碱水驱的相关报道很多，但用于现场试验成功的报道很少，表活剂与碱更多地用于进行化学复合驱。1956年，Reisberg和Doscher[11]首次提出将表面活性剂与碱复配使用；1975年，Burdyn等人[12]申请了在碱驱中使用磺酸盐类表面活性剂的专利；1982年，Krumrine等人[13]考察了碱对低酸值原油–表面活性剂体系界面张力的影响。

3.聚合物驱

聚合物驱是一类以聚合物溶液作为驱油剂的提高采收率的方法。聚合物驱提高原油采收率的主要机理是利用聚合物溶液的黏弹性提高宏观波及效率。聚合物的水溶性、稳定性、耐盐性及其溶液的流变性共同制约着聚合物的驱油效果。在驱油过程中，聚合物溶液能够在较低的浓度下有较强的黏弹性，并且在长时间的运移和驱替过程中不被降解且保持足够的黏弹性是驱油成功的关键。

4.化学复合驱

由两种以上化学剂作为主剂混合而成的驱油体系，相应的驱油方法被称为化学复合驱，其中主剂多数是指聚合物、碱和表面活性剂，也可指气体。早在1986年，Schuler等人[14]认为表面活性剂-碱-聚合物三元复合驱能够改善驱油效率的原因之一就是界面张力降低到了 10^{-3} m·N/m左右。在我国大量的矿场实验和室内研究结果表明，复合驱的效果要好于一元化学驱，不仅是由于各种化学剂驱油特性的综合效应，更是各种化学剂间协同效应作用的结果。下述主要通过三元复合驱来分析这种现象。

（1）在体系中加入聚合物可增加视黏度，可减小其他组分的扩散速度，聚合物还可以保护表活剂使其不与钙镁离子反应，并能增强原油与碱、表活剂生成乳状液的稳定性。

（2）表活剂非极性部分与聚合物大分子链结合可形成缔合物；表活剂与聚合物之间的相互作用使聚合物分子链伸展，增强驱油体系黏性。

（3）碱与原油中石油酸反应生成的表活剂能够大幅增强复合驱油体系降低油水界面张力和乳化的能力；与油层水中的或黏土进行离子交换，起牺牲剂的作用，以减少聚合物和表活剂的损耗。

1.2.2 三元复合驱技术

三次采油的四大技术系列中，化学驱采油是一种既经济又有效率的强化采油技术，占各种提高采收率方法潜力的76%，三元复合驱是从化学驱脱颖而出的一种新的三次采油技术，是我国三次采油提高采收率研究的主攻方向[15,16]。三元复合驱技术产生于20世纪80年代初，是表面活性剂（Surfactant）、指碱（Alkali）和聚合物（Polymer）等多元组分复合驱油的技术，缩写为ASP[17]。

美国West Kiehl油田实施三元复合驱油方法后，效果也非常令人满意[18]。胜利油田复合驱油体系经过数年的室内研究，技术正逐步成熟，室内试验取得了较好的结果，胜利油田小井距试验区自1992年3月开始实施复合驱，到1994年，试验区增产原油2×10^4 t，其中试7井(中心井)含水下降12%，采收率提高13.4%，个别边角井含水下降30%以上[19-20]。1993年1月7日至7月5日，在孤岛油田井组进行了黑液复合驱油剂驱油试验，取得了较好的增油降水效果[21]。1994年9月24日，在大庆油田萨中西部进行三元复合驱试验，各井自1994年11月26日相继开始见效，油井含水大幅度下降，产油量大幅度上升，全区日产油由之前的36 t上升到最高值88 t，综合含水也由之前的88.4%下降到63.7%，下降了24.7%[22]。1998年5月，在孤岛油田西区西北部开始注碱和表活剂进行三元复合驱试验，1998年8月，开发形势好转，日产油量上升，综合含水下降，吸水和产液剖面改善，波及体积扩大，含油饱和度增加[23]。碱−表面活性剂−聚合物三元复合驱是在碱水驱、聚合物驱方法的基础上发展起来的三次采油新技术[24]。2002年矿场试验表明，低酸值的大庆油田适合于三元复合驱，它比水驱提高原油采收率20%左右[25]。2003年，有学者研究了碱剂对复合驱油体系性能的影响，随着碱加量的增加，三元体系对原油的乳化能力呈先增强后减弱的趋势。2004年，汪淑娟[26]考查了体系的黏度比、主段塞注入方式及注入速度、体系的界面张力、油层变异系数、体系主段塞残余阻力系数增加后对体系驱油效果的影响，为矿场应用提供技术依据，并得出结论：只有保证三元复合体系与原油的黏度比在2∶1以上，三元复合体系驱油效率才能达到20%以上。2008年，李岩等对北一区断东二类油层三元复合驱的井距进行对比，得出这个区块提高采收率幅度较高的井网井距，并在萨中开发区推广，发现井网井距的优化能够降低油层结垢对驱油效果的影响[27]。2010年，崔成慧[28]应用小量程电磁流量计解决了三元注入液计量问题，提高了三元注入系统计量的适应性和准确性，加强了三元动态监测工作。同年，胡占晖[29]利用预置式油井分层流体取样技术对产出剖面测试技术进行补充，能够了解分层生产状况，对三元复合驱等驱油新技术现场试进行跟踪评价。2014年，李红梅[30]通过对碱-表活剂与聚合物交替注入技术现场应用的研究得出了一些结论：交替注入较普通三元注入更节约药剂，能保持较低的注入压力水平，并且可以提高薄差层的动用程度，调整高、中、低渗透油层分层吸水量，扩大波及体积。

虽然三元复合驱的效果很好，但是表面活性剂和大分子量聚合物的成本很高，所以如果能有替代剂或废物利用，就可以增加收益。比如前文中所提到的黑液，就是碱法造纸的工业废液，其中就含有碱和表面活性剂。在现场开发过程中，根据实际需要也可以有针对性地对化学剂进行改良。2001年，罗健辉、卜若颖[31]从分子结构入手，分析了聚丙烯酰胺不能耐温耐盐的机理，设计并生产出了梳形结构KYPAM抗盐聚合物[32]。同年，罗健辉等人[33]在大庆油田采油六厂北西块39口注入井投注这种抗盐聚合物溶液，3个月后见效，平均含水下降了30%以上，共节约费用3500万以上。2002年，李干佐、牟建海等人[34]用天然油脂下脚料制成的天然混合羧酸盐作为表面活性剂与碱和聚合物组成三元复合驱油体系。然而，天然羧酸盐与原有分子匹配较差。2007年，孙立新[35]对天然羧酸盐的亲水性进行调整，提高了它的HLB值。实施三元复合驱的井随着驱油的深入也会出现许多问题，也需要进行调剖封堵洗井等一些措施，由于碱剂的使用，三元驱井与普通化学驱井是有区别的。2010年，李建阁与吴文祥等人[36]研究了一种新型耐碱凝胶体系，在大庆采油一厂进行了两口井现场试验，见到了较好的增油降水效果。2011年，李成东等人[37]研究出了适合杏北油田的改性有机铬交联体系配方，将有机铬交联剂加入返出液后再利用返出液回注地层，既起到封堵作用，又能减少环境污染。同年，古海娟[38]研制出具有强抗碱性、高固化强度及固化时间适宜的抗碱堵剂同时又研制出由速凝堵剂和暂堵剂组成的防污染堵剂以保护非目的层。

三元驱在降低含水，提高采收率的同时也存在许多问题，如采出液的处理、聚合物吸附造成油层伤害、碱液结晶、管线及设备的腐蚀，还有本书将详细研究的结垢问题等。三元复合驱采出水黏度大、污水中油珠粒径小、乳化程度高，难以分离[39-40]。虽然我国的三元复合驱技术已经位于世界领先水平，但当油田采出液含水量高，并且油水乳化严重，悬浮固体含量增加等问题导致处理难度加大时，原有分离设备变得不理想，所以人们又在分离器结构上和聚结材料方面进行了许多变革[41]。刘书孟[42]针对试验区的采出污水设计了现场试验装置进行现场试验，采用旋流腔微孔注气方式分离的除油效率比常规旋流器高近10个百分点，且运行效果稳定。实际上，水力旋流器的基本工作原理和基础设计的提出有一百多年了（1891年首次获得专利）[43]，但是在第二次世界大战后才被有效应用于工业生产中[44]，且先应用于选矿和采矿工业[45-46]，后来才逐渐应用于化工业、石油工业、轻工等许多工业中[47]。三元复合驱采出液乳化很严重，破乳才能高效地分离油水。2006年，雒贵明[48]采用"改头、换尾、加骨、交联、复配"的方法合成了非离子聚氧丙烯、聚氧乙烯嵌段聚合物LP系列破乳剂。油滴表面由于吸附溶液中的阴离子表面活性剂而带电，使油滴间斥力增加，难以聚并，也就是说这种乳状液体系较为稳定[49]，Van den Tempel将ISmoluchowski的憎液溶胶聚沉理论用于乳状液[50]。2009年，赵凤玲[51]成功筛选和优化出适合低驱油剂含量三元复合驱采出水的浮选剂FA1001，应用于杏二中小型工业性试验，除油效果很好。李学军、刘增等人[52]利用采出液的导电特性和电脱水特点，提出用中频脉冲进行采出液脱水，运行耗能较低。有些油田由于所处位置纬度较高，寒冷季节注入碱容易结晶，李学军、孟昭德等人[53]研究的碱液浓度在20.0%～40.0%的范围内，当温度低于−7.8°C时，即有结晶析出，如有晶种存在，则结晶速率大大加快；若无晶种，则要长时间后才能析出结晶。关于腐蚀，吕殿龙、魏云飞等人在《三元复合驱注入剖面测井初探》中就提到过注入剂对测井仪器的腐蚀，何树全、纪鹏荣等人[54]对三元注入剂对地面系统腐蚀穿孔现象进行研究，最后对管道内进行防腐涂层来解决碱剂的负面效应，一般选用普通级熔结环氧粉末[55]。相对于其他提高采收率的方法，三元复合驱对原油性质和油藏性质更为敏感[56]，刘伟成、颜世刚等人[57]研究了不同条件(包括碱类型、浓度、温度和压力)下，碱-高岭土体系中硅铝垢的生成，发现碱类型不同，生成的垢也不同，但垢的主要成分为非晶负SiO_2与少量$Al_2Si_2O_5(OH)_4$等[58]，这对生产效益以及三元复合驱技术的进一步推广产生了负面影响。除了上述问题，三元复合驱在使用螺杆泵抽油时、不压井系统时、抽油机抽油时、电潜泵抽油时都会出现许多较为复杂的情况。虽然三元复合驱存在着许多问题，但自1977年首次公开报道[59,60]以来，广大科技工作者进行的大量研究表明[61-63]，三元复合驱具有表面活性剂和聚合物驱共同的优点，既能提高驱油效率，又能提高波及体积，并且能较大幅度地降低表面活性剂的用量，从而使其具有技术经济可行性，在三次采油中占据主导地位。

1.3　三元复合驱后储层流体性质研究现状

　　三元复合驱在大庆推广应用的时间并不算长，关于这方面的研究还是比较少的。但是在地下的温度压力影响下，三元复合驱中的碱、聚合物、表活剂与储层中矿物及流体发生了复杂的物理化学作用，会改变储层特征，而认识储层变化对于化学驱后进一步提高采收率具有重大意义，只有对储层及流体的性质充分了解才能够采取有效的驱替方法。

　　强碱三元复合驱会在采出端结垢，弱碱三元复合驱会在注入端结垢，这是驱替液在储层中发生复杂反应的结果，储层岩石、填隙物、流体的离子组分都会发生变化，可以说结垢现象恰是储层及流体性质发生变化的体现。

　　在三元复合驱过程中，碱性三元复合驱中的钠离子易与黏土中的钙、镁离子发生置换而形成钙、镁的氢氧化物沉淀；碱与长石、伊利石、高岭石、蒙脱土等作用生成的Si^{4+}、Al^{3+}等离子进入地层水后会打破地下液体原有的离子平衡，形成了新的矿物质沉淀，产生的大量硅铝酸盐垢晶体会堵塞油层孔隙结构，对储层构成伤害。胡淑琼在"碱/表面活性剂/聚合物"ASP三元复合体系对储层岩石矿物的静态溶蚀实验中，考察了实验过程中液相内目标离子（Ca^{2+}、

Mg^{2+}、Si^{4+}、Al^{3+}、OH^-、CO_3^{2-}、HCO_3^-和Cl^-等）浓度变化规律和岩样表面主要元素(Al和Si等)含量变化。结果表明，碱对岩样的溶蚀作用主要针对黏土矿物，对长石骨架作用较小。三元复合体系处理岩样后的液相内硅铝离子浓度增加，钙、镁离子浓度降低，岩样表面硅、铝元素含量降低。随碱浓度增加、液固比增加或处理时间延长，溶蚀作用增强，表面活性剂和聚合物可以减轻碱对岩样的溶蚀作用。处理初期溶蚀作用较强，处理60d后，液相中硅酸分子发生聚合作用，并在碱性条件下脱水生成硅垢，聚合物又促进硅胶体聚集和成垢[64]。又以大庆喇嘛甸油田储层岩石和三元复合体系为实验对象，进一步实验研究三元驱替液的影响，结果表明随碱浓度增加,三元复合体系对地层伤害程度加剧。表面活性剂和聚合物都可以减弱碱的溶蚀作用，但前者比后者减缓溶蚀作用的能力弱[65]。

张云检测了三元复合体系与大庆油田一厂、四厂和六厂原油作用后,水相中碱、表面活性剂和聚合物的含量。结果表明，仅有表面活性剂和碱可以与原油作用，其中表面活性剂的分配系数为0.2~0.3，且表面活性剂在油相中的溶解是可逆的，水洗后油相中20%~30%的表面活性剂会转移到水相中。重质组分含量较高，碳链分布范围较广的原油，表面活性剂更易溶解。随油水比和搅拌作用时间的增加，表面活性剂在油相中分配系数增大。这种化学剂的损失会使驱油体系到达油层深部后性能大幅度降低[66]。

三元复合驱替体系中，主要是碱在与岩石作用，对储层造成影响，研究这种影响对我们进一步完善三元复合驱或者选取制定化学驱后的进一步提高采收率措施具有理论和实用价值。

1.4 三元复合驱结垢及防垢去垢研究现状

1.4.1 三元复合驱结垢现状

三元复合驱是从化学驱中脱颖而出的一种新的强化采油技术，由于三元复合驱中引入了碱，导致驱替剂三元液在油藏环境及采出系统中结垢严重。结垢的化学过程是：①碱与地层水中的钙、镁等离子反应成垢；②碱与岩层组分中有长石、高岭土和蒙脱石等在适当条件下反应成垢[67]。

油田注采系统中垢往往不是单一垢而是多种物质的混合，其常见组成包括硅铝酸盐、碳酸盐、硅酸盐、氢氧化物、硫酸盐、铁化物[68-69]以及油中的重组分胶质、沥青质和聚合物的特征官能团酰胺基[70]。三元复合驱生成的垢在不同的油田会有不同的组成，但一般会分为三个阶段，成垢的物质黏附在储蓄器、地层、生产管道表面或设备表面[71-72]，不受控制的污垢积累也可使钻井设备受损，如潜油电泵[73]。

在三元复合驱矿场先导试验中发现，注三元复合液的过程中，碱性化学剂注入地层后，会与油藏中岩石矿物作用，使岩石矿物中的部分硅溶蚀并洗脱出来，由于在近井地带发生混流以及压力和温度的改变，采出液在井下极易形成含有硅酸盐的混合垢[74]。地层岩石是由大量具有不同化学组分、不同物理化学性质的黏土组成，这决定了其溶解度也不同[75]。地层岩石中的主要矿物成分有长石、石英、黏土矿物、伊利石、绿泥石、高岭石、蒙脱石等，其化学组成通式为xK$_2$O·yAl$_2$O$_3$·zSiO$_2$·mH$_2$O[76]。注入地层中的三元液中强碱氢氧化钠与上述地层中的矿物发生溶蚀作用，其主要反应方程式如下[77]：

$$K[AlSi_3O_8] + Ca[Al_2Si_2O_8] + OH^- = Al(OH)_3\downarrow + K^+ + Ca^{2+} + SiO_3^{2-}$$

$$（1-1）$$

$$SiO_2 + 2OH^- \rightarrow SiO_3^{2-} + H_2O \qquad （1-2）$$

垢的种类很多，可分为结晶垢、颗粒垢、化学反应垢、腐蚀垢和生物垢等几大类，但油田水中一般只有其中少数几种垢，而且主要为结晶垢，其中最常见的就是碳酸盐垢，组成为$CaCO_3$、$MgCO_3$，三元液注入地层，三元液中的NaOH会与地层中的HCO_3^-发生反应，使得地层中大量的碳酸氢根离子转化成CO_3^{2-}，以大庆油田三元复合驱区块为例，注三元后采出水中CO_3^{2-}浓度由原来的几百上升到2000 mg/L左右。同时NaOH中的Na^+与地层岩石表面中的Ca^{2+}、Mg^{2+}发生替换作用，使大量的二价阳离子与碳酸根发生反应形成碳酸盐垢，其成垢机理如下[78]：

$$SiO_3^{2-} + 2H^+ \rightarrow H_2SiO_3\downarrow \qquad （1-3）$$

$$Ca^{2+} + CO_3^{2-} \rightarrow CaCO_3\downarrow \qquad （1-4）$$

$$Mg^{2+} + CO_3^{2-} \rightarrow MgCO_3\downarrow \qquad （1-5）$$

还有一些有机质垢是无机盐垢吸附注入水中的聚合物、重油组分等有机物形成的，有些文献中提到垢中含有铁的化合物，这是溶解的硫化氢气体、二氧化碳气体及细菌将管道腐蚀生成硫酸铁和硫化铁造成的。到目前为止，国内外学者对结垢机理的观点可分为五种：流体不配伍理论，油井投产流速及生产压差过大理论，热力学条件理论，固液界面压力场吸附理论和地层微生物活动理论[79]。

结垢的影响因素主要有压力、温度、流体流速和pH这4种因素。以无机垢$CaCO_3$为例，压力升高可以使$CaCO_3$在水中的溶解度增加，从热力学观点看增加压力可以增加溶解度。关于温度对成垢的影响，唐琳[80]通过对不同件下测得的实验曲线对比找出规律：单碱体系，温度越高，反应达到平衡的速度越快，碳酸钙的生成吸热，温度越高，反应越彻底；在聚合物–碱体系中，温度越高，钙离子反应更加彻底，成垢率更高；如果有表活剂存在，温度促进垢的形成更为明显。注入系统中的温度分布并不完全一致，液体运动剧烈，摩擦较大，则在温度较高的地方，比如静混器、阀组件等部位，成垢相对严重。流动的水介质会对成垢物质的结晶过程产生影响，成垢离子处于流动状态中，流速越大，越趋向于湍流状态，垢不易生成。但也有这样的观点：流动会使离子发生碰撞的机率增大，也就是生成垢的速率增大，但流速大的流体也会将生成的垢进行剥离，具体影响还要根据具体情况而定。曾经有学者对碱对三元采出水中成垢阳离子浓度的影响进行实验，发现随着pH增大，Mg^{2+}、Ca^{2+}浓度不断减小，而Si^{4+}浓度逐渐增大，也就是钙镁的氢氧化垢及碳酸盐垢的生成被促进，硅垢的结晶核心同时被增加，但同时Si^{4+}饱和溶解度的增加抑制了硅垢的生成。根据戴安邦提出的硅酸聚合作用的碱性机制，当溶液pH较低时，硅酸主要存在形式为$H_3SiO_4^-$和H_4SiO_4，二者相遇后会立即聚合并最终以沉淀析出；但当溶液pH较高时，硅酸主要的存在形式为$H_2SiO_4^{2-}$和$H_3SiO_4^-$，二者带负电，不会聚合生成沉淀[82,83]。

三元复合驱技术在提高采收率、扩大效益的同时，也在应用中暴露了许多问题，其中三元复合驱井结垢问题最为严重，带来的伤害也较大。

（1）注入端结垢引起注入压力升高，注入端能耗增大，注入效率下降[84]。

（2）储层结垢引起油层堵塞，对油层造成伤害，同时降低了驱替剂的波及面积，导致原油产量下降[85,86]。

（3）采出系统结垢，引起卡泵、断杆现象频频出现，造成检泵周期缩短，致使油井减产甚至停产[87,88]。

（4）地面集输系统结垢，引起管道中流体阻力增大，致使管线回压升高，输送泵能耗上升，结垢严重时会造成管道堵塞，影响地面正常输油[89~91]。

（5）易引发垢下腐蚀，造成油田中一些设备和管道穿孔，缩短油田设备的使用寿命[92]。

结垢是三元复合驱中最严重的问题，给油田带来的经济损失是巨大的，因此，防垢与去垢就变得更加重要。

1.4.2　三元复合驱防垢去垢采用方法及效果

防垢主要从两个方面入手：一方面是化学方法防垢，如通过添加药物，将井液改性；另一方面就是对井下工具和设备进行结构和材料改进，降低其结垢的概率，延长使用寿命。

化学防垢就是添加阻垢剂，聚合物是其中的一大类，比如作为冷却水系统阻垢剂使用的水解聚马来酸酐，由美国Nacol公司开发的丙烯酸、马来酸酐类聚合物，还有这个公司最先开发的丙烯酸/丙烯酰胺共聚物。1996年，赵玲莉研究出了防垢率高、腐蚀性低和对地层渗透率无伤害并能吸附在近井地带使用的防垢剂F-A及适宜在全pH范围内使用的防垢剂KX-1[93]。1999年7月，贾庆在大庆采油一厂进行FS-01防垢剂的防垢效果试验，2000年在一厂和三厂进行了现场防除垢工业性试验，结果表明防垢剂对井下及地面采出系统均能起到防垢作用[94]。2002年，王芳等人发现在NaOH溶液中加入Al³⁺可以抑制硅垢形成，制成F1防垢剂[95]。同年，莫非等人对螺杆泵的定、转子进行表面改性，提高其表面粗糙程度，对转子实施涂镀，使螺杆泵的抗垢性能得到进一步提高[96]。2003年，李金玲等人[97]将3种未指名化合物配制成兼具防腐蚀作用的防垢剂FHE，加入固化剂制成缓释防垢剂。后几年，人们陆续开发出一些性能良好的含磷聚合物，如Albright&Wilson公司的亚乙烯基-1，1-二膦酸-丙烯酸共聚物，Betz公司合成的含膦酰基、羧基、磺酸基的烯丙胺聚合物及其含氧衍生物，Porz等人合成的烯烃基氨甲基膦酸-丙烯酸共聚物和烯烃基氨甲基膦酸-丙烯酸-马来酸三元聚合物阻垢剂等。2006年，段宏等人[98]在井下工作筒内外表面及堵塞器表面全部喷涂聚四氟乙烯防垢涂层，做到全面防垢，并采用高磁能级的钕铁硼作为主体材料制成强磁防垢器，通过磁场作用力防止在工具上结垢。同年，石成刚[99]研究开发出以氧化物陶瓷为基、添加其他改性组分的F-W4陶瓷功能梯度涂层。2008年，李金玲等人[100]合成了适用于三元井的液体防垢剂SY-1，后将其固化成块制成固体防垢块SY-2，可使二价阳离子形成螯合物，分散硅酸盐，达到防止泵内及油管、杆结垢的目的。骆华锋等人[101]在2009年将有机膦和聚羧酸盐两个系列的药物进行复配，选择PVA为主要成分的固体有机物作为载体，经试验其阻垢率为94.4%，效果很好。添加各种形式的阻垢剂并没有除去结垢离子，如果事先除去也能够防止结垢。张秋实等人[102]发现采用地层水或油田污水与注入水在地表以最佳比例混配，提前沉淀成垢离子，这种技术成本低且普遍适用。陈微[103]发现加大ASP回注水处理力度，降低回注水中的矿化度、悬浮物、细菌含量和含油量。2010年，赵清敏等人[104]研制出稀有金属钛聚合物树脂防垢防腐涂科，具有抗黏附性、难润湿性、磁性，能从物理和化学两方面防垢。2011年，褚静[105]发现强碱三元复合驱方案设计中强碱和注入碱浓度较大，易导致采出井结垢，所以对方案进行优化，适当降低注入碱的浓度、低压三元高压两元流程改造，有效控制了采出井结垢。同年，何英华等人[106]利用液体在离心力作用下高速过流时产生负压而空化的原理设计了空化防垢装置，钙镁垢的形成得到了一定的抑制，对中、高浓度硅体系防垢效果很明显。2013年，王璐[107]对现有的几种常用防垢剂进行复配形成了SY-KD配方体系，并与优化了结构和组分的大分子PAMAM-1按一定质量比混合，最终得到了三元复合驱新型高效阻垢剂。其实化学防垢机理主要包括以下几种：增溶作用、分散作用、静电斥力作用、晶体畸变作用、去活化作用[108-110]等。

三元复合驱防垢的方法很多，却几乎没有一种方法可以将结垢百分之百地阻止，所以除垢也是研究的热点。油田除垢技术主要包括化学除垢技术、物理除垢技术和机械除垢技术。其中化学技术包括酸洗、间接、螯合剂以及综合等4种技术。物理除垢技术包括高压水射流法(用高压泵使水形成高压作用于清洗的油管表面[111])、电脉冲法、油管电磁加热法、高强声机波除垢法[127]。波兰科学家Listewnik.J[112]等人在2000年曾提出，俄罗斯生产的用于大型热交换设备的超声波防垢产品在波兰也可应用[113]。美国、俄罗斯等一些国家率先将超声波技术应用在除垢与防垢上，经实际验证，取得了很好的效果[114]。在化学方面，氢氢化物垢、碳酸盐垢可用盐酸清除，硅酸垢用氢氟酸除，硅酸盐垢可用垢转化剂和综合除垢剂清除。Putnis等最近开发出一种以DTPA为活性成分的新型有机螯合剂对硫酸钡垢具有很强的溶垢作用。机械法除垢在实际应用中并不占优势，不仅耗费人力，而且有些死角又清理不到。物理除垢虽然有许多有效且简便的技术，但成本很高，并且不成熟，所以油田除垢还是以化学除垢为主，根据不同垢质，结合物理和机械除垢的优点进行综合除垢，将成为未来除垢的整体发展趋势。

1.5　本书主要研究内容

本书通过大量室内实验研究了强碱三元复合驱储层流体特征及储层岩心结垢情况，主要分为以下四个方面。

（1）对三元复合驱储层微观剩余油分布规律的研究，主要包括通过激光共聚焦技术研究三元复合驱后的微观剩余油类型、数量及分布规律和成因、轻重组分剩余油比例，以及三元复合驱驱油效果的分析；通过室内微观可视物理模拟实验研究复合驱油体系微观驱替特征。

（2）对三元复合驱储层岩心物性特征变化的研究，主要包括通过扫描电镜技术研究三元复合驱后储层的微观孔隙结构变化；通过室内驱油实验结合库尔特计数法研究三元复合驱颗粒运移情况；通过室内自吸法测量水驱和三元复合驱后天然岩心的润湿性，研究润湿性的变化情况，从而为研究储层结垢做准备。

| 强碱三元复合驱后储层结构变化
及结垢机理研究

（3）对三元复合驱储层岩心结垢情况的研究，主要包括通过室内实验研究了三元复合驱岩心碱溶机理、碱与地层岩石矿物及可溶性离子反应机理、非硅垢及硅垢的形成机理；不同实验条件下硅垢的形貌学研究以及形成过程研究、硅垢形成的影响因素研究，从而得到储层岩心结垢的机理与规律。

（4）对三元复合驱化学防垢技术的研究，主要通过室内实验对防垢剂进行了筛选，对防垢剂性能进行评价，并在现场实际应用，取得了良好效果。

第 **2** 章

强碱三元复合驱
后储层流体特征
研究

2.1 激光共聚焦技术研究储层流体分布规律

激光共聚焦扫描显微镜分析技术是20世纪80年代末、90年代初兴起的一项新的光学显微测试方法，它是集高速激光扫描、显微技术和图像处理技术为一体的显微镜分析技术，具有许多新的功能和优点，如样品制备要求相对简单、放大倍数高、分辨率高等，弥补了扫描显微镜与光学显微镜的不足。实验所得高清晰度、高分辨率的图像可以用于观察岩心样品内部深层次的结构和构造，以及进行分层扫描和三维立体图像重建。

把激光共聚焦扫描显微镜分析技术应用于岩石储层孔隙结构研究，这是一项新技术、新方法的探索。以往主要应用普通显微镜进行观察和图像分析以及孔隙度的测定、压汞法进行孔隙结构的分析和测量，它们都有一定的局限性并且分析过程比较复杂。该技术针对碎屑岩类或碳酸盐岩类储层的不同岩石孔隙结构进行二维和三维的分层扫描，从而获得岩石孔隙分布的二维和三维图像，并用专业的图像分析软件对图像进行定性和定量的分析、统计和计算（包括孔隙的形态、大小、连通性及面孔率等），最终获得岩石孔隙结构的二维和三维量化指标以及孔隙结构图像。具体内容包括以下五个方面：

（1）碎屑岩类、碳酸盐岩类储层适合的荧光充填剂的选择与确定；

（2）对岩石中孔隙的二维面孔率、三维孔隙度的精确测定；

（3）微孔隙和喉道三维立体图像及定量参数的获取方法；

（4）对岩石孔隙结构（微孔）的三维立体重建及分类；

（5）通过三维立体图像研究孔隙（微孔）的演化、成因以及对储层的影响。

2.1.1　激光扫描共聚焦显微镜工作原理和特点

激光共聚焦又叫细胞CT或微观断层扫描，在平面上（xy方向）共聚焦通过对样品逐点或逐线扫描，得到二维图像。在纵向上（z轴方向）以一定的间距扫描出不同z轴位置的平面图像，通过三维重建技术，可以还原样品的三维空间状态。

激光共聚焦与普通光学显微镜的差别在于，普通光学显微镜使用的是场光源，而共聚焦则采用激光做点光源。由于光散射的作用，普通显微镜所观测到的是一幅相干扰的图像，影响了图像的清晰度和分辨率。而激光共聚焦扫描显微镜采用点光源和针孔光阑能够避免光散射的干扰，入射光源针孔和检测针孔的位置相对于物镜焦平面是共轭的，通过在发射光检测光路上放置一个检测针孔，来自焦平面的光可以通过检测针孔被检测到，而来自焦平面以外的光被阻挡在针孔两边，这就是激光共聚焦的基本原理。由上可知，光源的选择是十分重要的。而与其他电磁辐射的激发光源相比，因为激光具有高度的单色性、发散小、方向性强、亮度高和相干性好等独特的优点，已成为目前扫描共聚焦显微镜中最理想的光源。

2.1.2　实验材料及过程

1.材料选择

在进行激光共聚焦实验前，首先选取天然岩心进行实验。本次实验水驱岩心为大庆油田第四采油厂杏2–1–检29取心井所取天然岩心，平均渗透率为$471 \times 10^{-3} \mu m^2$，岩心号编为1～4；选取的三元驱岩心为杏2–10–检3E7所取三元复合驱后天然岩心，平均渗透率为$533 \times 10^{-3} \mu m^2$，岩心号分别编为5～8。

2.样品制备

制备流程：切片—密胶—磨光切片—粘片—磨制薄片—贴标签。选样用于剩余油鉴定的样品，在制片前不得用有机溶剂浸泡。制片要求：含油岩石样品的钻样和切片需要在冷冻条件下进行。

切片之前样品置入液氮中冷冻保存，切片时须尽量切割过缝、洞、孔发育处，切片后样品需要放置在50℃以下环境风干，然后在真空环境用502胶进行胶结。制作样品时，若裂缝发育或岩石疏松，则用T–2或T–2型502胶进行胶结，对渗胶较差的油砂可用K–1型502胶。若胶仍渗不进去，可改用提纯石蜡胶胶结平面。粗磨平面时，若遇有掉颗粒的疏松岩石时，须用胶重新黏结，再磨平面，直至全部无孔洞为止。待样品水分干后再进行载片。含油样品岩石中气泡含量不能超过岩石面积的3%。一般样品岩石片中气泡含量不得超过岩石面积的1%。磨片时，粗磨至0.10 mm，细磨至0.06～0.07 mm，精磨至0.04～0.05 mm。薄片不盖片，但易潮解、挥发的样品须盖片。

3.剩余油确定方法

原油具有荧光特性。原油的组分不同，荧光特性不同。不同组分在荧光的强度、颜色方面会有所差异。因此，可以根据荧光的颜色来判断原油的组分。在紫外光激发下，饱和烃不发荧光；芳烃一般呈蓝白色；非烃通常显示黄、橙黄、橙、棕色；沥青质呈红、棕红甚至黑褐色。水在荧光显微镜下不发光。但孔隙中的水会溶解微量的芳烃，这样会发出颜色较浅的蓝色。利用荧光颜色可以将油和水区分开来。

4.剩余油检测

在偏光显微镜下观察岩石结构、成分、演化情况及孔隙后，再进行荧光观察油水分布情况，最后用激光共聚焦观察原油组分在不同孔隙中的分布情况。

荧光镜下观察及荧光特征划分标准。一般含油样品用透射光观察。反射光用于观察煤层、天然沥青、微细裂缝中的沥青物质及其他有机岩类。荧光观察，通过荧光显微镜镜下观察，对样品进行粗略描述，描述孔隙中剩余油的油和水分布范围，油的发光颜色。

2.1.3　剩余油分布描述

通过激光共聚焦显微镜扫描图像观察，对样品原油的组分分布位置和与矿物的结合情况以及剩余油分布情况进行细致描述。选择488 nm波长的激光作为激发光源、488 nm波长作为接收波长对样品中岩石矿物进行观察，用绿色显示。选择488 nm波长的激光作为激发光源、510～600 nm波长作为接收波长对样品中原油的轻质组分进行观察，用红色显示。选择488 nm波长的激光作为激发光源、600～800 nm波长作为接收波长对样品中原油的重质组分进行观察，用蓝色显示。

冷冻制片所得的薄片厚度小于0.05 mm，保持油水分布的初始状态，避免了荧光干扰和岩石颗粒上、下位置遮挡。采用紫外荧光激发全波段荧光信息采集，岩石不发荧光，呈现黑色，原油发黄褐色荧光，水发蓝色荧光，可以清晰区分油水界面，如图2.1～图2.5所示。

通过对实验所得激光共聚焦图像进行剩余油描述，我们将剩余油分布状态定义为三大类。

（1）束缚态剩余油，即吸附在矿物表面的剩余油。它包括孔表薄膜状剩余油、颗粒吸附状剩余油和狭缝状剩余油。孔表薄膜状剩余油是以薄膜状的形式在造岩矿物颗粒表面被吸附的剩余油，仅靠水的机械冲刷作用很难将其剥离下来；颗粒吸附状剩余油是以平铺和浸染的形式吸附在造岩矿物的颗粒表面的剩余油，多分布在碎屑成分成熟度低而粒内溶蚀孔发育的层段；狭缝状则是存在于小于0.01 mm的细而长的狭窄缝隙之中的剩余油。

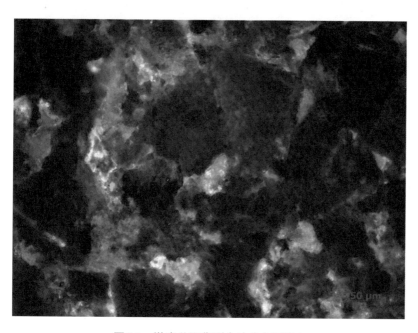

图2.1　激光共聚焦剩余油分布图像1

（2）半束缚态剩余油，即在束缚态的外层或离矿物表面较远的剩余油。它包括角隅状剩余油和喉道状剩余油。角隅状剩余油一般存在于孔隙复杂空间的角落隐蔽处，一侧在颗粒的接触角处被吸附，另外一侧处于开放的空间呈自由态；喉道状剩余油是与孔隙相通的细小喉道处残留的剩余油，通常是由于毛细管作用，而使其被束缚，常赋存在储层中细长弯曲状喉道内。

（3）自由态剩余油，即离矿物表面较远的剩余油。它包括簇状剩余油和粒间吸附状剩余油。簇状剩余油是赋存于孔隙空间内呈簇状、团块、油珠状分布的剩余油，其中部分仍处于运动状态之中；粒间吸附状剩余油是指分布在粒间泥杂基或黏土矿物含量较高的部位的剩余油。

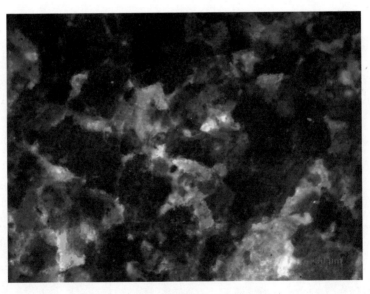

图2.2　激光共聚焦剩余油分布图像2

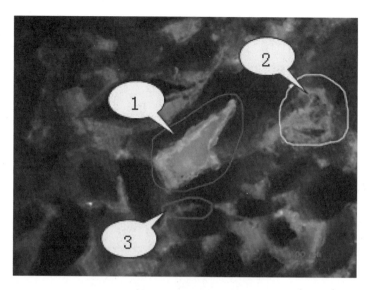

图2.3 激光共聚焦剩余油分布图3

1-孔表薄膜状；2-颗粒吸附状；3-狭缝状

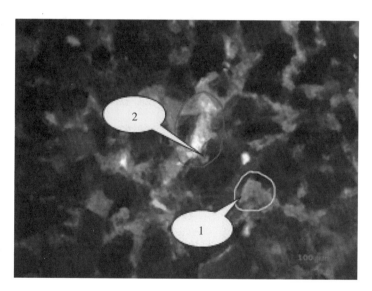

图2.4 激光共聚焦剩余油分布图4

1-角隅状；2-簇状

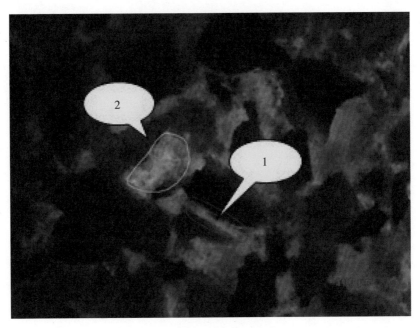

图2.5　激光共聚焦剩余油分布图5

1- 喉道状；2- 粒间吸附状

　　激光共聚焦技术手段可以解决过去无法区分出油水边界的问题，通过计算机图像分析法求解出岩心内微观剩余油的饱和度、含油面积、含水面积以及微观剩余油不同类型的含量。岩心微观剩余油分布相对百分含量（见表2-1）。

　　编号1～4为水驱岩心结果，5～8为三元复合驱岩心结果，从表中的结果可以明显看出，不论在水驱后还是三元驱后的天然岩心，孔表薄膜状剩余油所占比例都在50%以上。将其中的束缚态、半束缚态和自由态剩余油的百分比相加，结果如表2-2所示。

表2-1　微观剩余油含量百分数（相对）

编号	束缚态 /（%）			半束缚态 /（%）		自由态 /（%）	
	孔表薄膜状	颗粒吸附状	狭缝状	角隅状	喉道状	簇状	粒间吸附状
1	65.95	3.62	0.32	10.17	0.88	19.05	0.00
2	52.41	22.19	2.37	8.52	1.23	3.27	0.00
3	63.86	9.35	0.09	20.71	0.44	5.56	0.00
4	84.10	7.77	0.00	6.11	0.97	1.05	0.00
5	57.58	3.39	2.51	8.84	1.15	22.19	4.33
6	63.37	8.33	3.49	6.39	0.00	15.81	2.12
7	50.82	10.01	0.00	20.76	0.00	17.04	1.36
8	50.10	9.50	0.00	16.44	0.11	20.03	0.00

表2-2　微观剩余油含量百分数

编号	束缚态 /（%）	半束缚态 /（%）	自由态 /（%）
1	69.89	11.05	19.05
2	76.97	9.75	3.27
3	73.30	21.15	5.56
4	91.87	7.08	1.05
5	63.48	9.99	26.52
6	75.19	6.39	17.93
7	60.83	20.76	18.40
8	59.60	16.55	23.85

水驱后的天然岩心束缚态剩余油相对百分比含量平均值为78%，而三元复合驱后的天然岩心束缚态剩余油的相对百分比含量平均值为65%，说明对于水驱简单的机械冲刷作用驱替不动的束缚态剩余油，三元复合驱的驱替效果更好。

2.1.4 三元复合驱驱油效果分析

为了更加深入地了解三元复合驱前后微观剩余油的分布变化情况以及三元复合驱的驱油效果，选取天然岩心进行室内水驱和三元驱驱替实验，并对驱后的岩心进行激光共聚焦实验，得出结果进行分析。

1.实验结果

在进行激光共聚焦实验前，首先选取岩心进行室内模拟驱油实验。本次实验选取的岩心为大庆四厂杏2-1-检29取心井所取天然岩心，岩心号分别为300，269，298。岩心物理性质以及驱油步骤如表2-3～表2-5。

表2-3 水驱驱油实验参数表

岩心	孔隙体积 mL	饱和油 mL	含油饱和度 %	孔隙度 %	长度 cm	截面积 cm²	渗透率 ×10⁻³μm²
300	5.2	3.5	67.3	26.67	8.4	4.91	126.48

阶段	液量 mL	水量 mL	油量 mL	累计液量 mL	累计水量 mL	累计油量 mL	压力 MPa	含水率 %
水驱 0.1mL/min	10	8.9	1.1	10	8.9	1.1	0.06	89
	11	10.6	0.4	21	19.5	1.5	0.06	90

表2-4　三元驱驱油实验参数表1

岩心	孔隙体积 mL	饱和油 mL	含油饱和度 %	孔隙度 %	长度 cm	截面积 cm²	渗透率 ×10⁻³μm²
298	6.8	5	72.5	27.25	7.4	4.91	163.27

阶段	液量 mL	水量 mL	油量 mL	累计液量 mL	累计水量 mL	累计油量 mL	压力 MPa	含水率 %
水驱 0.1mL/min	6.5	4.5	2	6.5	4.5	2	0.03	69
	6	5.4	0.6	12.5	9.9	2.6	0.03	90
三元0.4PV 0.1mL/min	4.1	3.6	0.5	16.6	13.5	3.1	0.08	
后续水驱 0.1mL/min	10	10	0	26.6	23.6	3.1	0.03	

表2-5　室内三元驱驱油实验参数表2

岩心	孔隙体积 mL	饱和油 mL	含油饱和度 %	孔隙度 %	长度 cm	截面积 cm²	渗透率 ×10⁻³μm²
269	7.4	5	67.6	21.79	8.6	4.91	189.75

阶段	液量 mL	水量 mL	油量 mL	累计液量 mL	累计水量 mL	累计油量 mL	压力 MPa	含水率 %
水驱 0.1mL/min	5.2	3.4	1.8	5.2	3.4	1.8	0.18	65
	5	4.5	0.5	10.2	7.9	2.3	0.18	90
三元 0.4PV 0.1mL/min	4	3.5	0.5	14.2	11.4	2.8	0.24	
后续水驱 0.1mL/min	10	10	0	24.2	21.4	2.8	0.16	

根据室内驱油实验所得数据计算，可得水驱岩心采收率约为42.8%，三元驱岩心采收率约为62%和58%，平均采收率提高了17.2个百分点。将样品进行处理后，继续进行激光共聚焦实验，结果如表2-6所示。

表2-6　剩余油分布相对百分数表

（单位：%）

项目		孔表薄膜状	颗粒吸附状	狭缝状	角隅状	喉道状	簇状	粒间吸附状
水驱	1	57.58	3.39	2.51	8.84	1.15	26.52	0
	2	63.37	8.83	3.49	6.39	0	17.93	0
	3	50.82	10.01	0	20.76	0	18.4	0
	平均	57.26	7.41	2	12	0.38	20.95	0
三元后1	4	44.96	17.34	1.55	10.73	0.66	20.82	3.95
	5	57.38	8.51	2.38	16.42	0	9.14	6.17
	6	46.08	0	5.19	24.23	0	24.51	0
	平均	49.47	8.62	3.04	17.13	0.22	18.16	3.37
三元后2	7	49.87	6.07	3.42	4.16	0	36.48	0
	8	44.08	3.88	0	10.67	7.52	29.86	3.99
	9	34.74	22.6	0	6.04	4.43	17.2	15
	平均	42.9	10.85	1.14	6.96	3.98	27.85	6.33
三元后平均		46.19	9.73	2.09	12.04	2.1	23	4.85
差值		−11.07	2.32	0.09	0.04	1.72	2.05	4.85

表中1～3号岩样为水驱驱油实验岩心样，4～9号样为三元驱驱油实验岩心样。表中数据为不同类型剩余油分布的相对百分数。其

中可明显看出三元驱后孔表薄膜状剩余油含量降低，平均幅度达到11.1%，其他剩余油比例均有少许增加。此外，粒间吸附状剩余油出现在三元驱岩心样中，且为三元驱后增加量最大的剩余油，而水驱岩心样则没有此类型的剩余油。

图2.6所示为激光共聚焦实验测得水驱和三元驱后不同类型剩余油分布规律的对比柱状图。纵坐标为剩余油占孔隙体积百分数。可以观察除了孔表薄膜状驱替效果较好外，水驱后处于自由态的簇状剩余油在三元驱后被驱替出一部分。

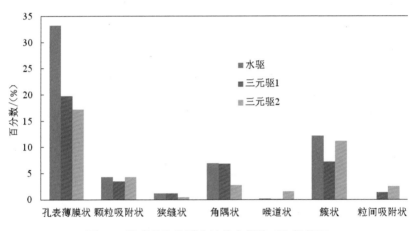

图2.6　激光共聚焦剩余油分布规律对比柱状图

2.三元驱对于孔表薄膜状剩余油的驱替效果

从实验的数据表格我们可以看出，三元驱驱替孔表薄膜状剩余油效果明显，选取水驱和三元驱激光共聚焦图片对比分析如图2.7～图2.10所示。

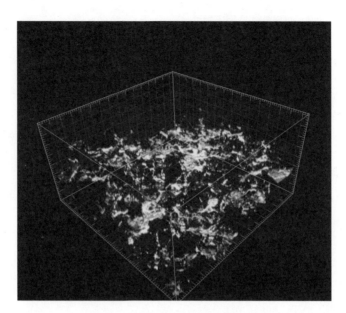

图2.7 水驱三维重建图像侧视图

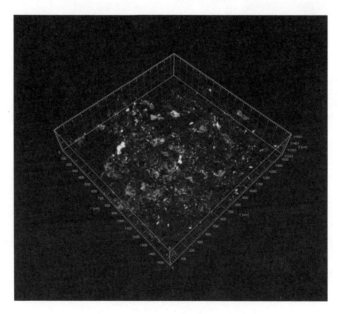

图2.8 三元驱三维重建图像侧视图

**强碱三元复合驱后储层结构变化
及结垢机理研究**

图2.9　水驱激光共聚焦图片

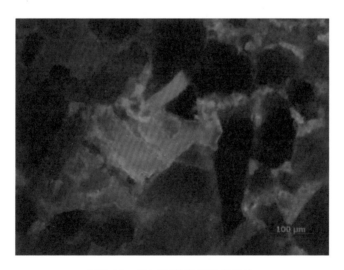

图2.10　三元驱激光共聚焦图片

由图2.7～图2.9我们可以明显看到，水驱替过的岩心内部剩余油剩余较多，可以看到大量的孔表薄膜状剩余油；图2.10显示三元复合驱后的岩心内部剩余油驱替的较为干净。这是由于三元复合驱中碱与表面活性剂的作用，使得油水界面张力大幅度降低，从而使与三元驱替剂接触的油变形拉长，加上驱替剂通过多孔介质渗流的剪切作用，使残油乳化成小油珠被夹带渗流。同时，聚丙烯酰胺和表面活性剂在油水界面上均有一定程度的吸附，形成混合吸附层。部分水解聚丙烯酰胺分子链上的多个阴离子基可使混合膜具有更高的界面电荷，使界面张力降得更低。另外，碱剂推动活性剂前进，趋向于使最小界面张力迅速传播，这样就减少了碱驱替原油的滞后过程，且可保持长时间的低张力驱过程。

3.三元驱对于簇状及角隅状剩余油的驱替效果

从激光共聚焦剩余油分布规律对比柱状图中可以看出，三元驱对于簇状和角隅状剩余油有一定的驱替作用。水驱时，由于指进等原因，簇状残余油残留在通畅的大孔道所包围的小喉道孔隙簇中，水在驱替过程中，极易形成优势通道，导致驱替时波及的体积小，难以波及到这部分剩余油。三元复合体系的黏度比注入水的黏度要高数十倍，在地层中能起到调剖的作用，扩大了波及体积，并且聚合物由于吸附滞留等原因减少了水相渗透率，有效地控制了油水流度比，减少了驱替相的指进，有利于驱替簇状剩余油。角隅状剩余油在水驱时，呈孤立的滴状残存在注入水驱扫的孔隙死角处，由于聚合物的黏弹效应，这类剩余油在三元复合驱驱替过程中受聚合物分子的拉拽和剥离，有一部分被启动，发生运移。

4.三元驱产生新的类型剩余油

从天然岩心和室内驱替实验岩心的激光共聚焦结果可以得出，水驱后粒间吸附状剩余油含量很少，而三元驱后却出现了一部分这样的剩余油。结合第2章实验分析是由于三元驱替剂中碱与地层矿物反应，生成了很多泥质和细小颗粒，大量的颗粒在运移过程中堵塞在细小喉道中，吸附了一部分剩余油，产生了水驱中没有的粒间吸附状剩余油。

2.1.5 微观剩余油轻重组分分析

通过对三元复合驱前后微观剩余油类型及不同类型剩余油含量对比情况的研究，对三元复合驱后储层剩余油分布规律有了进一步的了解。其中，孔表薄膜状剩余油所占比重较大，虽然三元复合体系对于孔表薄膜状剩余油驱替效果比较明显，但在三元复合驱驱替后，依然有大量的孔表薄膜状剩余油存在。为了更加深入了解三元复合驱驱后微观剩余油的特征，进行微观剩余油的轻重组分实验。

原油的不同组分荧光特性不同，饱和烃不发荧光，芳烃一般呈蓝白色，非烃通常显示黄、橙黄、橙、棕色，而沥青质呈红、棕红甚至黑褐色。利用原油的这一特点，结合激光共聚焦技术，对室内水驱和三元驱后所得岩心内的剩余油进行轻重组分分析，实验结果见表2-7、表2-8。

表2-7 不同样品中不同组分原油的比例

（单位：%）

样品	轻重组分比		平均
	1	2	
水驱	1.1137	1.1153	1.1145
三元1	0.7161	0.7304	0.7232
三元2	0.8719	0.8250	0.8485

表2-8　不同样品中不同组分原油的饱和度

（单位：%）

样品	轻质油含油饱和度			重质油含油饱和度		
水驱	0.2529	0.2531	0.2530	0.2271	0.2269	0.2270
三元1	0.1294	0.1309	0.1301	0.1806	0.1791	0.1799
三元2	0.1630	0.1582	0.1607	0.1870	0.1918	0.1893

如图2.11、图2.12所示，通过共聚焦激光荧光检测分析可知，水驱后原油轻质组分是重质组分的1.114 5倍，三元复合驱后分别为0.723 2、0.848 5倍，与水驱相比，部分重质油被驱替出来，地下残留原油组分，以重质油为主。

水驱、三元复合驱微观剩余油分布规律以及微观轻、重质油和岩石三维分布图显示（见图2.11～图2.14）。从图2.12B可以看出，轻质组分在粒间孔和粒内孔中均有分布，从图2.12C可以看出重质组分主要分布在粒间孔中，粒内分布较少。

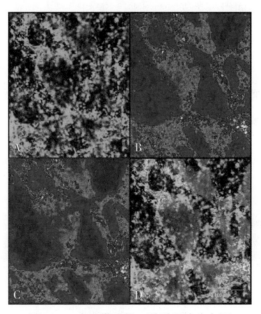

图2.11　水驱微观轻、重质原油分布图

强碱三元复合驱后储层结构变化
及结垢机理研究

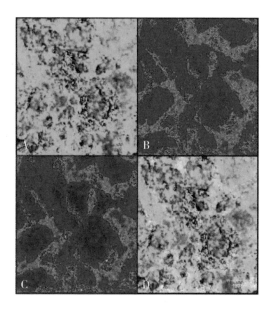

图2.12　三元复合驱微观轻、重质原油分布图

注：A是反射光信号，反映的是矿物表面形貌；B是轻质原油的荧光信号，反
映轻质原油的分布状态；C是重质原油的荧光信号，反映重质原油的分布
状态；D是A、B、C、的合成图像。

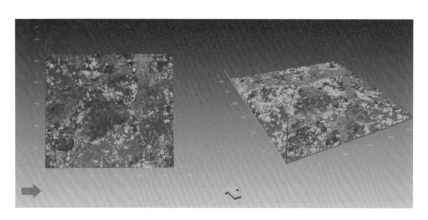

图2.13　水驱微观轻、重质油和岩石三维分布图

图2.14　三元复合驱微观轻、重质油和岩石三维分布图

注：原油空间分布三维图像，绿色的是矿物质，红色的是原油。

从图2.13、图2.14轻重质油和岩石三维分布图可以看出，三元复合驱后剩余油明显减少。水驱后剩余油轻重质油比例相差不大，轻质油相对多一些。而在三元驱驱替之后，相对于重质油，轻质油被大量驱替出来，二者剩余油的比例大概为1∶2。

原油中各组分（沥青质、胶质、芳烃和饱和烃）与岩石之间的相互作用力不同及不同驱替液的不同驱替能力导致水驱、三元复合驱采出原油中沥青质、胶质、芳烃和饱和烃含量的差异。非极性的饱和烃与岩石之间的作用力主要是范德华力（较小），在岩石表面的吸附黏滞性小，容易被驱出；芳烃具有弱极性且具有苯环结构，与岩石间的作用力除范德华力外还有通过π键与岩石表面的阳离子形成作用力较大的配位键，与岩石的作用力较饱和烃大，因此在岩石表面吸附黏滞性大于饱和烃，使其相对于饱和烃难驱替出；沥青质和胶质含有稠环芳烃，这些芳香环与岩石表面的作用除范德华力和配位键外，还有通过其分子中的极性基团（胺基、羟基、羧酸基）与岩石表面形成作用力更大的氢键和离子键，使其在岩石表面的吸附黏滞性更大,相对于饱和烃和芳烃更难驱替出。原油组成被驱替出的先后顺序是饱和烃、芳烃、胶质及沥青质。

三元驱的驱替介质聚合物的粘度大且具有黏弹性,除能驱替出大孔道内的可动原油外,还能将吸附于岩石表面上的部分易于驱替的饱和烃和芳烃驱出,其中的碱和表面活性剂使得原油在岩石表面的吸附黏滞作用大幅度降低,易被剥落并驱替出;同时碱和表面活性剂对原油有乳化作用,增加了三元复合驱体系对轻质油的驱替能力,将更多的饱和烃和芳烃从岩石表面"洗"下来。但是对于黏附力更大的沥青质和胶质,驱替效果相对较差,故剩余油组分主要是重质油。

2.2 三元复合驱微观驱替特征

微观驱替实验即微观渗流物理模拟实验,是利用在微观物理模型上进行微观驱油实验来研究微观驱油机理,微观物理模型可分为真实砂岩微观模型与光化学刻蚀的仿真玻璃模型,本次实验应用的是光化学刻蚀的仿真玻璃模型。

2.2.1 实验步骤

实验的基本步骤如下:
(1)将实验所用的微观模型抽真空后饱和油。
(2)以0.03 mL/h的驱替速度水驱油。

（3）以0.03 mL/h的驱替速度注入三元驱替剂，观察三元复合驱过程液体的微观渗流过程，并摄取驱替过程中的静态与动态图像。

（4）分析图像，观察剩余油类型。

（5）清洗岩心。

实验均在45℃条件下进行。

2.2.2　微观驱替实验结果

微观驱替实验所得的静态图像可以通过计算机的图像分析系统进行计算，对实验过程进行录像所得的动态图像可以用于动态分析。通过对静、动态图像的定性分析，可以了解各种驱油方式及不同驱油条件下的剩余油特征、驱替效果及微观渗流机理。

图2.15所示为水驱后微观驱替整体图，从波及效果上考虑，水驱油的过程主要是驱替相沿主流区域或主流线突破岩心，驱替过程中出现很明显指进现象，而对主流线以外的其他区域波及较少，剩余油含量较多。

从图2.16中可以明显看出，主流线上洗油效果明显，尤其是靠近注入端的油基本被驱替干净。驱替面积相比水驱大大增加。对比微观驱替整体图像结果可以看出，在水驱的基础上，三元复合驱能够进一步扩大波及范围，对水驱波及很少的区域起到了很好的波及效果，并且增加了波及范围内的洗油效率。

从剩余油分布方面考虑，在水驱的波及范围内残留大量的喉道剩余油、簇状剩余油、膜状剩余油和角隅状剩余油，其中簇状剩余油和喉道状剩余油较多。三元复合驱不但波及并驱替了水驱时没有波及到的剩余油，同时也大大提高了水驱波及范围内剩余油的洗油效率，使各类剩余油均有不同程度的减少，仅在过渡区域和边角区域仍残有一些喉道、薄膜状剩余油。

图2.15　水驱后微观驱替整体图像

图2.16　三元复合驱后微观驱替整体图像

2.2.3　剩余油形成机理分析

采用三元复合驱驱替时，油随着三元体系一同向前运移，其运移的主要方式是油滴运移与油丝运移。由图2.17可以看出，油滴和油丝随三元复合体系一起向下游运移，在三元复合体系表面活性剂和碱的共同作用下，形成超低界面张力，软化油滴表面，使油滴在运移中变得很不稳定，易于聚并。当油滴流动方向突然发生改变或运移到变径流道时，亦或油丝的流动速度发生改变时，油滴和油丝极易被驱替液拉断，形成更小的微乳滴。因此三元复合体系驱油过程中剩余油多以小乳滴的形式进行运移，更加容易被驱出。图2.17中显示了在油膜桥接、沿壁流动和拉丝现象的作用下，大部分油膜状剩余油以及一部分簇状剩余油被驱走的过程。

此外，由图2.17⑨中可以看到依然有一部分簇状剩余油未被驱替干净，虽然三元驱洗油能力相比水驱大大增强，由于高黏弹性所带来的扩大波及体积的效果也很明显，但是在驱替通道形成以后，三元驱替液几乎全部从优势通道通过。图2.17中的簇状剩余油正是由于这个原因导致无法动用。

三元复合驱后的粒间吸附状剩余油与簇状剩余油同属自由态剩余油，其在驱替过程中形成原理基本相同。不同点在于，三元复合驱替剂与储层岩石发生一系列反应后，生成大量的粒间泥杂基或黏土矿物，原油在运移过程中，吸附在这些颗粒表面从而形成粒间吸附状剩余油，而簇状剩余油则单纯存在在孔道中。这种成因使得粒间吸附状剩余油比簇状剩余油更难以被驱替。

强碱三元复合驱后储层结构变化
及结垢机理研究

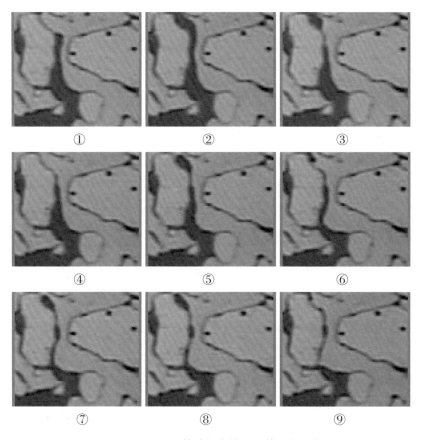

图2.17 三元驱替过程中微观驱替局部图像

2.3 本章小结

通过应用激光共聚焦技术和微观驱替实验研究三元复合驱后储层流体特征,可以得出如下结论。

(1)通过激光共聚焦图像进行剩余油描述,我们将剩余油分布状态定义为三大类:①束缚态剩余油,包括孔表薄膜状剩余油、颗粒吸附状剩余油和狭缝状剩余油；②半束缚态剩余油，包括角隅状剩余油和喉道状剩余油；③自由态剩余油，包括簇状剩余油和粒间吸附状剩余油。

（2）三元复合驱后的天然岩心束缚态剩余油相对百分比含量平均值为78%，而水驱后的天然岩心束缚态剩余油的相对百分比含量平均值为65%，说明对于水驱简单的机械冲刷作用驱替不动的束缚态剩余油，三元复合驱的驱替效果更好

（3）三元驱后存在的7种类型剩余油仍然以孔表薄膜状为主。结合轻重组分实验分析，由于重质油在岩石表面的吸附黏滞性更大，更难以被剥离，三元复合驱后地层中重质油所占比例更大。

（4）三元复合驱中的强碱对于地层的伤害不容忽视。激光共聚焦结果表明由于碱对地层岩石矿物的溶蚀等作用，形成大量泥质和细小颗粒，产生了水驱中不存在的粒间吸附状剩余油。

第 **3** 章

强碱三元复合驱
储层岩心物性特
征变化研究

通过对三元复合驱后储层流体特征实验可知，由于碱对地层伤害等因素，三元复合驱后产生水驱中不存在的粒间吸附状剩余油，同时在室内岩心驱替实验过程中，也出现了由于碱的溶蚀、地层颗粒运移等因素所造成的堵塞等现象。本章主要利用扫描电子显微镜分析研究水驱和三元复合驱岩心微观孔隙结构的区别以及三元复合驱驱后岩心的微观结垢情况，并利用颗粒运移实验研究三元复合驱驱替压力变化及驱替液颗粒数量变化，为研究三元复合驱储层结垢机理研究奠定基础。

3.1　三元复合驱岩心扫描电镜对比实验

实验所选取的水驱岩心是杏2-1-检29取心井取出的葡 I 3_3 层363号岩心，渗透率为$183.7 \times 10^{-3} \mu m^2$，孔隙度25%；三元驱岩心是杏2-10-检3E7取心井取出的葡 I 3_3 层298号岩心，其渗透率平均值为$268.3 \times 10^{-3} \mu m^2$，孔隙度平均值为24%。

3.1.1　实验仪器、材料及步骤

（1）实验仪器。主要仪器设备包括：

1）附图像分析软件的扫描电子显微镜。

2）实体显微镜。

3）溅射仪。

4）X-射线能谱仪。

5）烘箱。

（2）实验材料和试剂。实验的主要材料包括：

1）三氯甲烷。

2）双面胶带。

3）金丝。

4）专用喷镀碳棒。

（3）实验步骤。

1）将含油样品用三氯甲烷通过抽提法洗油。

2）把平整的、具有代表性的岩心的新鲜断面作为观察面。

3）用双面胶把样品粘到样品桩上。

4）放入恒温箱中烘干。

5）吹掉岩心断面表面灰尘，在溅射仪中镀金。

6）开启扫描电子显微镜，确定其处于正常工作状态后，分析样品。

3.1.2　实验结果及分析

（1）低倍数放大时水驱和三元复合驱岩心的微观成像区别见图3.1～图3.4。

图3.1　水驱岩心200倍扫描图像（1）

图3.2　三元驱岩心200倍扫描图像（1）

图3.3　水驱岩心200倍扫描图像（2）

图3.4　三元驱岩心200倍扫描图像（2）

从以上4幅200倍放大的扫描电镜图片可以观察到低倍数放大下水驱和三元复合驱岩心的微观全貌：水驱后的岩心岩石颗粒排列紧密，岩石矿物表面比较光滑。而三元复合驱后的岩心孔隙发育比较明显，并有长石被溶蚀，矿物间孔隙出现次生石英等现象。

（2）中倍数放大时水驱和三元复合驱岩心在的微观成像区别见图3.5～图3.10。

图3.5　水驱岩心550倍扫描图像

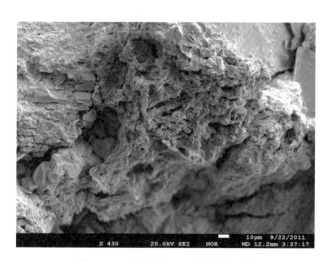

图3.6　三元驱岩心430倍扫描图像

图3.7 水驱岩心1000倍扫描图像

图3.8 三元驱岩心1000倍扫描图像

强碱三元复合驱后储层结构变化
及结垢机理研究

图3.9 水驱岩心900倍扫描图像

图3.10 三元驱岩心900倍扫描图像

图3.5、图3.7和图3.9为中倍放大水驱岩心的岩心内部微观图像，可以观察到岩心孔隙被大量的片状高岭石充填，岩心主要组成部分比较完整，矿物表面黏土化不明显，只有少量微裂缝，未见有长石破损和被溶蚀的现象。

图3.6、图3.8和图3.10为中倍放大三元复合驱岩心的岩心内部微观图像，对比水驱岩心图像可以得出以下几点：①由图3.6明显看到岩石矿物被碱溶蚀后所残留的矿物骨架，岩石孔隙也出现了次生石英；②由图3.8可以看到矿物颗粒表面黏土化现象严重，推测为碱溶后残留的反应物，矿物表面微裂缝较多；③对比图3.10中的石英和图3.9中的石英，可明显看到三元复合驱后石英表面被溶蚀的状况，生成的物质沉积在被溶蚀处。

（3）高倍数放大时水驱和三元复合驱岩心在的微观成像区别见图3.11～图3.18。

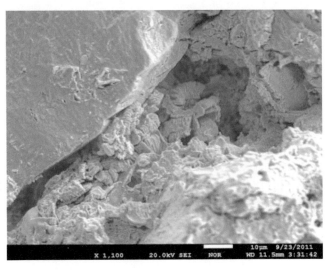

图3.11　水驱岩心1100倍扫描图像（1）

图3.12　三元驱岩心1700倍扫描图像

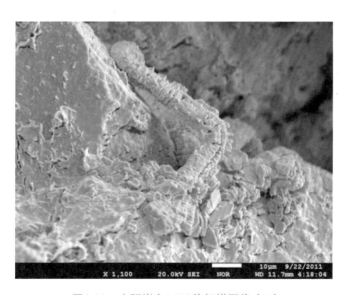

图3.13　水驱岩心1100倍扫描图像（2）

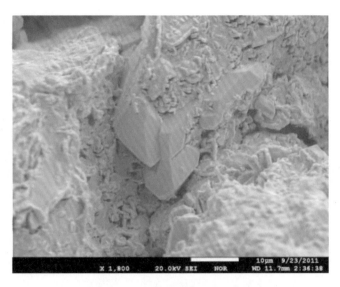

图3.14 三元驱岩心1800倍扫描图像

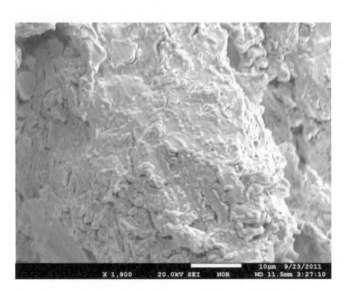

图3.15 水驱岩心1900倍扫描图像（1）

强碱三元复合驱后储层结构变化
及结垢机理研究

图3.16　三元驱岩心1200倍扫描图像

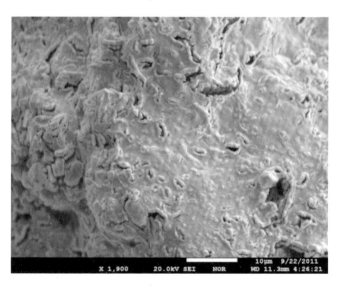

图3.17　水驱岩心1900倍扫描图像（2）

强碱三元复合驱储层岩心物性特征变化研究

图3.18　三元驱岩心1600倍扫描图像

　　图3.11、图3.13、图3.15和图3.17所示为高倍放大水驱岩心的岩心内部微观图像,可以清楚地观察到孔隙中充填的完整形状的六角片形高岭石,并且存在蠕虫状高岭石、长石等岩石主要组成矿物表面完好,仅存在少量微裂缝,没有被溶蚀的现象。

　　图3.12、图3.14、图3.16和图3.18所示为高倍放大三元复合驱岩心的岩心内部微观图像,对比水驱图像可以清楚地观察到非常明显的结垢现象,岩心的主要组成矿物表面被溶蚀,其反应生成的垢质残留表面形成细条状,微裂缝扩张,几乎没有完整的片状高岭石存在,岩石表面还有少量次生石英生成。

　　图3.19和图3.20所示为特高倍放大三元复合驱岩心的岩心内部微观图像。由图3.19可以看到孔隙中大量溶蚀后的高岭石残片聚集在一起,完整的成六角片状存在的高岭石很少。由图3.20可以看到次生石英的生长位置是在被溶蚀后的长石表面,即证明不是原岩石

强碱三元复合驱后储层结构变化及结垢机理研究

中本来存在的石英，而是溶蚀后生成的次生石英。

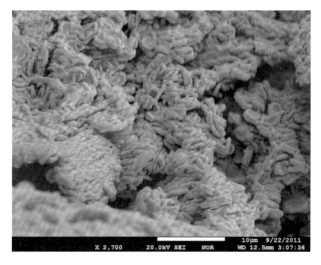

图3.19　三元驱岩心2700倍扫描图像

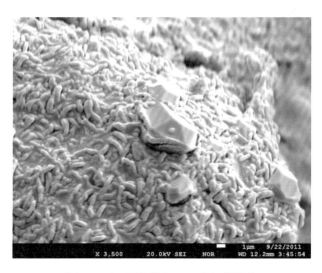

图3.20　三元驱岩心3500倍扫描图像

3.2 三元复合驱颗粒运移实验

在扫描电镜实验中，我们观察到储层岩石被溶蚀的现象比较明显，而一些黏土矿物溶蚀后聚集的现象，也可能会对流体流动产生影响，激光共聚焦实验结果亦表明，碱溶后形成的颗粒造成新类型剩余油的产生。本实验利用现场天然岩心进行三元复合驱室内模拟驱替实验，对驱替过程中的压力以及驱出液体的颗粒数进行测量并记录，深入了解三元复合驱过程中岩心颗粒运移情况以及对驱替造成的影响。

3.2.1 实验步骤

（1）（岩心处理）选取杏2-1-检29井PI3$_3$层岩心，进行烘干，饱和水，测量岩石孔隙体积11.2 mL。

（2）（驱替实验，接溶液）驱替实验，在不同的PV数下接采出液。

（3）（测量压力）记录注入压力数据。

（4）（库尔特计数器测量悬浮颗粒）用仪器测量采出液的颗粒数。

3.2.2 实验结果

（1）溶液照片（观测浑浊程度），如图3.21、图3.22所示。

强碱三元复合驱后储层结构变化
及结垢机理研究

图3.21　注碱液后悬浮颗粒个数的变化图

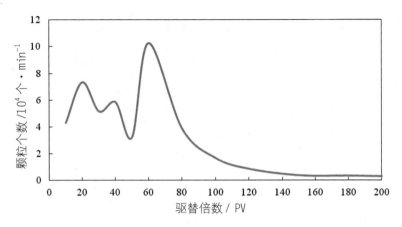

图3.22　悬浮颗粒个数的变化曲线

注三元剂初期采出液颗粒较少，10PV后，颗粒逐渐增加。强碱对岩心颗粒有溶蚀作用，造成颗粒松动，被驱替液携带出来。驱替至60PV时，溶液中的颗粒含量达到最大，溶液较为浑浊。60～120PV时，颗粒含量持续降低，岩石中的颗粒逐渐减少。120PV后颗粒含量较低，溶液逐渐清澈。

（2）不同注入PV数下，注入压力如图3.23所示。

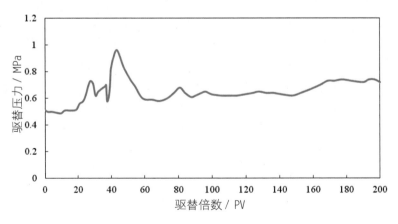

图3.23　注碱液后驱替压力随PV数变化图

　强碱三元复合驱后储层结构变化
　　　　及结垢机理研究

驱替初期注入压力要远高于水驱驱替压力，主要是由于三元药剂驱替较为困难（聚合物分子量较高）。10PV前压力变化幅度不大，注入压力有略微的上升趋势，20PV过后注入压力上升明显，主要是由于颗粒运移后，堵塞喉道，造成孔隙结构发生变化，影响注入。50PV时注入压力达到最大，然后压力逐渐变小，主要是颗粒大量被驱替出来后，喉道被堵塞现象消失。70PV后压力逐步上升主要是由于颗粒堆积在出口端，使得压力上升。

总的来看，引起油层堵塞的物质来源总共包括三部分：一是注入水中本身存在的悬浮物质和油滴；二是碱液在地下流动过程中溶蚀储层矿物后形成的细小颗粒；三是驱替到地层的三元复合体系，体系中的碱与地层水中的 HCO_3^-、Ca^{2+}、Mg^{2+} 反应形成的 $CaCO_3$、$MgCO_3$ 等沉淀型颗粒。

3.3 储层润湿性变化实验

储层岩石的润湿性是表征储层岩石吸附油水能力的一项重要参数。三元复合驱前后储层岩石润湿性的转变可以导致微观剩余油形态和数量的变化，所以润湿性的变化在一定范围内控制着三元复合驱替液驱替微观剩余油的过程，是影响油田注水开发及三元复合驱提高采收率的重要因素之一。

研究储层润湿性的方法有很多，比如岩石学法、压汞法、铸体法和自吸法等其中自吸法的提出虽然比其他常规的一些方法要晚一些，也是储集岩特征研究的一种重要的方法。

储集岩中存在大小不一的孔隙，构成半径不等的毛细管，并且其孔喉相互交错构成孔隙网，成为储集油气水的空间，在附着张力的作用下，润湿相能自发地沿储集岩的毛细管孔隙吸入，占据岩石内部空间，并排出非润湿相流体，这个过程就叫吸入过程，也可称之为自吸过程，这就是自吸法的物理依据。自吸法分为单向自吸法和反流自吸法。反流自吸法就是将饱和非润湿相（例如空气）的岩样完全浸没在润湿相（较强的润湿相环己烷）中，润湿相从四周吸入岩样，而非润湿相从与吸入方向相反的方向排出，在储集岩的物性研究中多采用反流自吸法[151]。在毛管压力作用下，润湿流体具有自发吸入岩石孔隙中并排驱其中非润湿流体的特征，固体表面如果优先被油润湿，也就是说润湿角在90°～180°时，如图3.24所示，就说明岩石是亲水的；相反的，如果润湿接触角在0°～90°时，如图3.25所示，就说明岩石亲油。通过测量比较油藏岩石在残余油状态或束缚水状态下自吸油量或自吸水量，即可定性判别油藏岩石对油或水的润湿性[152]。

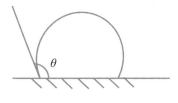

图3.24　亲水岩石浸油时润湿角

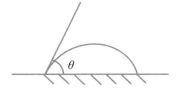

图3.25　亲油岩石浸油时润湿角

为确定润湿性的变化情况，在实验室利用自动吸入法进行了润湿性的测定。首先将岩心进行抽提、烘干，然后用阿莫特法测定岩心原始状况下的润湿性，然后注入1PV强碱三元复合驱替剂，放置一段时间后，水驱驱替一段时间，再测此时岩心的润湿性。

　强碱三元复合驱后储层结构变化
及结垢机理研究

实验所得主要参数为水湿和油湿指数，其中：

$$水湿指数 W_w = 自吸水驱油量 / （自吸水驱油量 + 水驱油量） \tag{3-1}$$

$$油湿指数 W_o = 自吸油驱水量 / （自吸油驱水量 + 油驱水量） \tag{3-2}$$

表3-1　岩石润湿性测定一览表

样号	井号	层位	水洗情况	相对水润湿指数	润湿性
1	X2-1-J29	葡 I 3_3	中洗	0.22	弱亲水
2	X2-1-J3E7	葡 I$_2$1	中洗	0.7	亲水
3	X2-1-J3E7	葡 I 4_2^5	强洗	0.39	亲水
4	X2-2-J试1	葡 I 3_3	强洗	0.66	亲水

表3-1中1号和3号样为水驱岩心样，2号和4号为三元驱后岩心样。1号和2号为从同等水洗情况下的岩心，实验对比可以得出，三元驱后岩心的润湿性向亲水转换。

油层中的砂岩原本是亲水性固体，由于毛细管力等作用，水驱过程中岩石表面的油膜很容易被驱替。但在油藏形成过程中，砂岩的表面与原油长期接触，原油中的活性组分吸附在砂岩岩石表面，使其润湿性发生了改变，即润湿反转。由于润湿反转，实际出油层中大多数砂岩表面为亲油表面，附着在砂岩表面的油膜很难被水驱替，这是许多油层水驱原油采收率较低的重要原因之一。

三元复合体系中的表面活性剂注入油层后，一些表面活性剂分子会进入固态与液态的接触面，破坏其原有的边界层，导致如极性水分子等亲水基团依附在岩石矿物的颗粒表面，使得其表面润湿性由油湿转变为水湿，从而将原油从岩石壁面上剥离出来，成为可动油。与此同时，表面活性剂分子在岩石矿物表面形成亲水基向外的吸附层，使岩心的润湿性向亲水方向转化。三元复合体系中的碱的作用是三元复合驱改变储层岩石润湿性的另一个原因，碱能够与储层岩石、黏土矿物甚至地层中的可溶性离子进行化学反应，通过离子交换使原有的黏土矿物转化为更易水化的钠型黏土，从而改变储层润湿性。

3.4　本章小结

（1）三元驱替剂对地层的伤害比较明显。其中，主要组成部分长石和石英的溶蚀现象明显，黏土矿物溶蚀也比较严重，孔隙中充填颗粒状物质，矿物表面有小块次生石英生成。

（2）在三元复合驱驱替过程中，驱替压力及驱出液颗粒含量均先增加后平稳，出现峰值，且趋势一致，说明三元复合驱碱和地层反应对于注入和采出端压力都有一定的影响。

（3）从强碱三元驱前后岩心的储层物性特征变化来看，变化的结果对驱油有利有弊。虽然润湿性总体变化是更加亲水，有利于原油的流动和驱替，但是从扫描电镜的结果可以看出，储层岩石被大面积溶蚀，溶蚀后的细小颗粒以及新生成的小块二氧化硅堵塞喉道，对驱油效果产生不利影响。颗粒运移实验也证明了这一点。因此，研究三元驱后结垢机理及规律对于改善三元驱后提高采收率是十分必要的。

第 **4** 章

强碱三元复合驱
储层结垢研究

大庆油田的含油层系属于松辽盆地早期白垩系地层，是大型浅水湖盆的河流，由三角洲环境沉积而成。除油田北部少数层段存在泛滥平原相沉积外，其余均为不同类型的三角洲相沉积层序。每个三角洲的沉积微相和亚相发育比较完整，具有建设性三角洲的沉积特征。由于大型浅水湖盆受构造运动、气候、物源等多种因素控制，湖区水的深度和沉积物频繁发生变化，形成了类型多、分布广、层厚大的泥岩和砂岩沉积。在储层砂岩中，石英和长石是最主要的矿物类型，并含有一定量的黏土矿物。

此外，大庆油田储层具有渗透率差异较大，岩石的孔隙度较高等特点。储层的这些特性，表现为在适合于三元复合驱的同时，也具备提供成垢离子的地质或水文地质条件。三元复合体系的注入为碱、地层中流体和岩石之间反应创造了条件。

4.1　储层岩石结垢机理

4.1.1　碱与岩石矿物反应机理

本次研究的大庆油田第四采油厂三元复合驱试验区块储层岩石主要由长石、石英和黏土矿物组成，碱与岩石矿物可能发生的化学反应如下：

（1）岩石表面的硅化合物基团碱溶反应或为

$$- Si\text{-}OH + NaOH \rightarrow - Si\text{-}ONa + H_2O \qquad （4\text{-}1）$$

三元复合体系高压注入后，其中的碱在流动过程中，与地层硅酸盐类矿物表面接触，发生碱溶反应，从而生成可溶性基团随地下流体流动。反应机理如式（4–1）。

（2）岩石矿物内部的硅氧键被逐步破坏，导致岩石结构解体，即

$$\text{—Si-O-Si—} + 2NaOH \rightarrow 2(\text{—Si-ONa}) + H_2O \qquad (4–2)$$

岩石表面被碱溶蚀破坏以后，其内部的硅氧键由于直接与碱接触也逐渐被破坏，从而导致岩石结构解体。硅化合物基团被碱溶蚀后，以可溶性硅酸盐的形式随地层流体流动，并发生转移，反应机理见式（4–2）。

（3）在溶液中的 SiO_2 表面的硅氧键被强碱溶解，生成的可溶性 $Si(OH)_3^-$ 随溶液流动，其反应如下：

$$\begin{aligned}
&\begin{matrix}
Si\!-\!O\!-\!Si\!-\!OH \\
Si\!-\!O\!-\!Si\!-\!OH \\
Si\!-\!O\!-\!Si\!-\!OH \\
Si\!-\!O\!-\!Si\!-\!OH
\end{matrix} \quad +OH \longrightarrow \quad
\begin{matrix}
Si\!-\!O\!-\!Si\!-\!OH \\
Si\!-\!O\!-\!Si\!-\!OH \\
Si\!-\!O\!-\!Si\!-\!OH \\
Si\!-\!O\!-\!Si\!-\!OH
\end{matrix} \quad +3H_2O \\[2mm]
&\longrightarrow \quad
\begin{matrix}
Si\!-\!O\!-\!Si\!-\!OH \\
Si\!-\!O\!-\!Si\!-\!OH \\
Si\!-\!OH \\
HO\!-\!Si\!-\!O\!-\!OH \\
HO
\end{matrix} \quad +Si(OH)_3^-
\end{aligned} \qquad (4–3)$$

4.1.2 地层岩石的碱溶反应

三元复合驱试验区块储层与碱发生反应的岩石矿物主要为长石和石英，可能发生的化学反应方程式如下：

长石（化学分子式为$K[AlSi_3O_8] + Ca[AlSi_2O_8]$）：

$$K[AlSi_3O_8] + Ca[AlSi_3O_8] + OH^- \rightleftharpoons Al(OH)_3 \downarrow + K^+ + Ca^{2+} + SiO_3^{2-}$$

$$(4-4)$$

石英（SiO_2）：

$$SiO_2 + 2OH^- \rightarrow SiO_3^{2-} + H_2O \qquad (4-5)$$

岩石矿物被碱溶蚀后生成的可溶盐进入地层流体，随着流体运动发生转移。

4.1.3 非硅垢质形成机理

通过对注入水和采出液的离子分析，地下流体中能够与碱发生反应生成沉淀的离子主要是Ca^{2+}、Mg^{2+}、HCO_3^-。具体反应过程如下：

$$Ca^{2+} + OH^- \rightleftharpoons Ca(OH)_2 \downarrow \qquad Mg^{2+} + OH^- \rightleftharpoons Mg(OH)_2 \downarrow \quad (4-6)$$

$$HCO_3^- + OH^- \rightleftharpoons H_2O + CO_3^{2-} \qquad Ca^{2+} + SiO_3^{2-} \rightleftharpoons CaSO_4 \downarrow \quad (4-7)$$

$$Ca^{2+} + CO_3^{2-} \rightleftharpoons CaCO_3 \downarrow \qquad Mg^{2+} + CO_3^{2-} \rightleftharpoons MgCO_3 \downarrow \quad (4-8)$$

4.1.4 硅垢的形成机理

（1）硅酸的生成

$$SiO_3^{2-} + H_2O = H_2SiO_4^{2-} \qquad (4-9)$$

$$H_2SiO_4^{2-} + H_2O = SiO(OH)_3^- \qquad (4-10)$$

$$SiO(OH)_3^- + H_2O = Si(OH)_4 + OH^- \qquad (4-11)$$

当pH大于13.4时，溶液中的硅酸根离子发生如式（4-9）所示的反应，强碱体系中的硅主要以$H_2SiO_4^{2-}$形式存在；而随着溶液pH的降低，$H_2SiO_4^{2-}$与水发生如式（4-10）所示的反应，强碱体系中的$SiO(OH)_3^-$浓度增大；随pH降低到10.6时，开始发生如式（4-11）所示的反应，$Si(OH)_4$生成量增加。故单分子硅酸的存在形式一共有三种：$H_2SiO_3^{2-}$、$SiO(OH)_3^-$和$Si(OH)_4$，pH不同，存在形式也不同。

（2）多聚硅酸的生成。单分子硅酸非常不稳定，在碱性条件下容易发生分子内聚合，从而生成二聚硅酸、三聚硅酸等多聚硅酸。其形成过程如下：

$$Si(OH)_4 + 2OH^- \rightarrow Si(OH)_6^{2-} \qquad (4-12)$$

（二聚硅酸）（4-13）

（三聚硅酸）（4-14）

聚合链继续聚合，形成球形的多聚硅酸$(OH)_{2n+2}SiO_{n-1}$颗粒。

强碱三元复合驱后储层结构变化
及结垢机理研究

（3）硅酸凝胶的生成。硅酸凝胶的生成主要是多聚硅酸的缩合过程。在碱性条件下，球形颗粒状的多聚硅酸发生缩合反应，生成凝胶 $Si_nO_n(OH)_{4-n-m}(ONa)_m$，反应方程式如下：

$$(OH)_{2n+2}SiO_{n-1}Si_nO_n(OH)_{4-n-m}(ONa)_m \qquad （4-15）$$

（4）无定型二氧化硅的生成。硅酸凝胶在温度和摩擦力等因素的共同作用下脱水，形成脱水凝胶，脱水凝胶由于外界条件作用继续脱水，最终生成无定型二氧化硅。无定型二氧化硅由于动力学和热力学的作用，晶体表面逐渐扩大，最终生成较大块的晶体二氧化硅，反应式如下：

$$Si_nO_n(OH)_{4-n-m}(ONa)_mSiO_2 \qquad (4-16)$$

夹杂着二氧化硅晶体及各种离子的溶液在从注入井流动到采出

强碱三元复合驱后储层结构变化及结垢机理研究

井的过程中，由于其流体的温度、压力和动力学条件不断发生变化，破坏原有的油藏平衡条件，促使结垢加快，使地层出现结垢现象。

通过对以上三元复合驱硅结垢物理化学过程的分析，明确了强碱三元复合驱硅垢形成的大致过程：在注入三元驱替液的过程中，碱与地层岩石矿物反应，生成的Ca^{2+}、Mg^{2+}、Al^{3+}、Si^{4+}等离子进入地层水中。随着驱替的进行，三元复合驱体系温度升高，地层岩石的溶解度明显增加。流体中的可溶性硅酸或硅酸盐的液体，由于温度、pH的降低，导致其溶解度下降，析出硅垢；与此同时，溶液中多种形态的胶体硅在水中聚集并沉淀，形成硅垢。

三元复合驱驱替过程中硅垢的形成过程和机理图如图4.1所示。

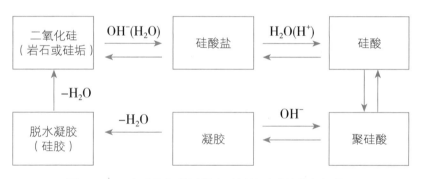

图4.1　三元复合驱驱替过程中硅垢的形成过程和机理图

地层中大量的硅铝酸盐与碱的反应，产生浓度较大的硅酸根离子，在地层流体中趋于平衡状态随流体流动。在生产井附近，由于流体的汇集，硅酸根离子浓度大幅度增加，又因井筒中的温度、压力以及动力学条件发生变化，打破流体中离子的平衡状态，从而产生化学沉淀，促使硅垢生成。

4.2 硅垢成垢过程实验

4.2.1 实验材料及方法

本实验的研究对象是用模拟地层矿化水组成的水配制的Na_2SiO_3溶液体系，以现场实际情况为依据确定不同组分的研究体系：

（1）依据现场实际情况，Si^{4+}浓度不超过3000 mg/L，不低于100 mg/L，以此确定研究体系为高浓度硅以及低浓度硅体系。

（2）按照地层条件Ca、Mg固定比为5：3，设计Ca^{2+}、Mg^{2+}浓度分别为60 mg/L以及36 mg/L的研究体系。

（3）按照三元注入液中1：1的PAM和表活剂的浓度比，确定研究的条件为：PAM浓度为100 mg/L，表活剂浓度为100 mg/L。

室温下，通过光学显微系统，研究以模拟地层矿化水的Na_2SiO_3溶液为母液的五个体系中硅垢形成过程。

实验步骤：

（1）配制不同浓度的Na_2SiO_3溶液。

（2）室温下取适量已配好的Na_2SiO_3溶液向其中加入Ca^{2+}、Mg^{2+}、PAM、表活剂，经过一段时间，将观察到的图片拍摄下来。

（3）对各种条件下生成的垢样进行过滤，干燥，然后电镜扫描。

4.2.2 单纯Si^{4+}溶液成垢实验

这项研究考察了硅浓度为3000 mg/L的溶液体系，室温下以照片形式记录了体系中硅酸絮状物的形成过程以及最后形成的晶体垢，并对其微观结构用扫描电镜进行观察。观察结果如下：

实验刚开始时，溶液体系均质、透明。静置1 h后，体系中出现絮状多聚硅酸。再静置3 h，溶液中絮状物变大，溶液呈现出果冻状。48 h后，絮状沉淀逐渐下沉，形成上层清液下层沉淀的状态，如图4.2所示。

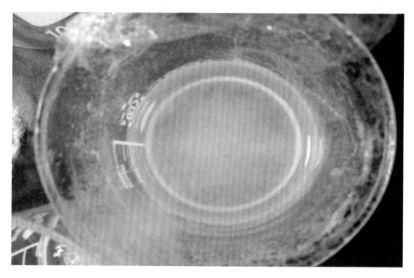

图4.2　高浓度硅体系宏观全貌

絮状沉淀逐渐脱水胶黏，聚集变大，形成白色片状沉淀。30天后，容器底部出现明显的结垢现象，对沉淀进行过滤，洗涤，烘干，生成的白色晶体状沉淀，如图4.3所示。

图4.3　高浓度硅体系垢质干燥后宏观全貌

对单纯硅垢（不加Ca、Mg、Al等离子）进行过滤、干燥、研磨，然后将得到的硅垢粉末涂在导电胶带上，通过扫描电镜观察其微观结构（见图4.4、图4.5）。

图4.4　高浓度硅体系硅垢扫描结果（放大200倍）

强碱三元复合驱后储层结构变化
及结垢机理研究

图4.5　高浓度硅体系硅垢扫描结果（放大430倍）

由图4.4所示可以看出不含Ca^{2+}，Mg^{2+}的高浓度硅聚合后形成二氧化硅晶体，而由图4.5所示可以看到有未聚合长大的小块晶体存在。通过前文硅垢形成机理我们知道，硅结垢过程是先从单分子硅酸分子内聚合形成多聚硅酸，而后缩合反应生成更大体积和分子量的凝胶，脱水缩合形成了二氧化硅。从图中可推测小块硅垢为结垢的早期阶段，即形成多聚硅酸阶段。大块晶体则为絮状凝胶聚集脱水形成的，为后期阶段。

通过以上实验分析可知，硅酸聚合的结论如下：

（1）体系中硅垢的形成经历了从透明清液到有少许絮状物出现，再到出现絮状沉淀大量出现的过程。通过持续观察我们发现生成絮状沉淀的过程是：在体系中先产生絮状物，然后絮状物的量逐渐增多并最终导致溶液分层。溶液中部有些许絮状物存在，但溶液比较清澈；溶液的下部存在大量絮状物，且为沉淀状。这些絮状沉淀最终会脱水成片沉淀在溶液底部。

第4章

85

强碱三元复合驱储层结垢研究

（2）硅垢的形成是从硅酸单分子的生成开始，然后通过聚合形成多硅酸，接下来多硅酸在碱性条件下通过脱水缩合生成多聚硅酸，多聚硅酸进一步脱水最终生成硅垢。经XRD分析，确定生成的沉淀基本是无定型二氧化硅。

4.2.3　加入Ca^{2+}、Mg^{2+}溶液成垢实验

实验先配置低浓度硅（浓度为100 mg/L）体系作为对比实验，在室温下观察了100 h，没有见到白色絮状物生成，也就是说没有硅垢形成。

用按地层矿化水组分调配的液体配制含Ca^{2+}、Mg^{2+}的低浓度硅体系，其中各种离子浓度是$\rho_{Si^{4+}}$=100 mg/L，$\rho_{Ca^{2+}}$=60 mg/L，$\rho_{Mg^{2+}}$=36 mg/L。室温下，观察溶液中有Ca^{2+}、Mg^{2+}存在，硅酸单体的生成、聚合及聚沉，絮状凝胶物质脱水沉积的过程。

硅酸钠溶液中在加入Ca^{2+}、Mg^{2+}之前，体系均质、透明；加入Ca^{2+}、Mg^{2+}后，溶液中立即生成$CaCO_3$、$MgCO_3$白色沉淀。随时间推移，这些白色沉淀越来越多，并且伴有絮状多聚硅酸形成，如图4.6所示。

不断有新的絮状沉淀生成，并且还伴有块状多聚硅酸的生成。硅酸经过不断脱水聚合形成聚合体，在体系底部形成一层致密的沉淀层。静置20天，最终生成脱水硅垢。由图4.7所示可以看到类似颗粒状的硅垢。

图4.6　含钙镁离子的低浓度硅体系宏观全貌

图4.7　含钙镁离子的低浓度硅体系垢质干燥后宏观全貌

　　对生成的硅垢进行过滤，干燥，研磨，然后将得到的硅垢粉末涂在导电胶带上，通过扫描电镜观察其微观结构，如图4.8和图4.9所示。

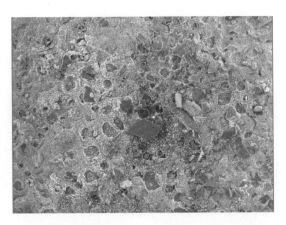

图4.8　含钙镁离子低浓度硅体系硅垢扫描结果（放大200倍）

图4.8所示是加入钙镁离子的硅垢全貌图，可以看到除了大块的晶体状物质外，还有很多细小颗粒状物质，将硅垢放大2000倍（见图4.9），可以观察到垢样大多是球形和椭球形。球形形状也比较规则，有些球形聚集，还有独立的细小颗粒，说明硅垢是以碳酸盐垢为晶核逐渐聚合形成的。

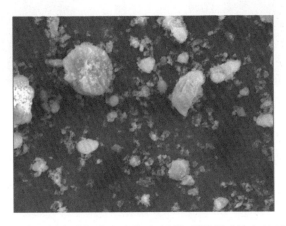

图4.9　含钙镁离子低浓度硅体系硅垢扫描结果（放大2000倍）

通过以上照片及电镜分析可以得出硅酸（含Ca^{2+}、Mg^{2+}）聚合的结论如下：

（1）室温下，低浓度（C_{Si}^{4+}=100 mg/L）硅体系放置100 h也没有生成硅垢，但加入Ca^{2+}、Mg^{2+}的低浓度硅体系在室温下放置4 h，就有硅垢生成，说明Ca^{2+}、Mg^{2+}的加入加速了硅垢的形成。

（2）Ca^{2+}、Mg^{2+}在碱性条件下生成的碳酸盐沉淀为硅酸盐胶体提供可附着的表面，多聚硅酸以碳酸盐垢颗粒为晶核聚集，并进一步发生聚合、脱水反应，生成混合垢。

4.2.4 加入聚丙烯酰胺溶液成垢实验

用按地层矿化水组分调配的液体配制含有Ca^{2+}、Mg^{2+}及PAM的低浓度硅体系，其中各种离子浓度：$\rho_{Si^{4+}}$=100 mg/L，$\rho_{Ca^{2+}}$=60 mg/L，$\rho_{Mg^{2+}}$=36 mg/L，PAM的浓度是C_{PAM}=100 mg/L。室温下记录当溶液中含有Ca^{2+}、Mg^{2+}和PAM分子时，硅酸单体的形成、聚合及聚沉，絮状凝胶物质脱水沉积的过程。

体系在加入Ca^{2+}、Mg^{2+}及PAM之前，体系均质、透明；加入Ca^{2+}、Mg^{2+}及PAM之后，由于聚合物的黏度大和分子量大等特点，形成的如同渔网状的团状结构的白色沉淀，如图4.10所示。

PAM黏度较大，因此，聚丙烯酰胺对多聚硅酸具有捕捉、黏附作用，使得硅垢呈团状或条状，干燥后在容器底部形成条状垢质，如图4.11所示。

对生成的硅垢进行过滤，干燥，研磨，然后将得到的硅垢粉末涂在导电胶带上，通过扫描电镜观察其微观结构，如图4.12～图4.14所示。

图4.10　含钙镁离子及聚丙烯酰胺的低浓度硅体系宏观全貌

图4.11　含钙镁离子及聚丙烯酰胺的低浓度硅体系垢质干燥后宏观全貌

如图4.12所示，将硅垢放大200倍，我们发现垢样形状大多呈不规则的块状，并能清楚地看到网状结构。

强碱三元复合驱后储层结构变化
及结垢机理研究

图4.12　含钙镁离子及聚丙烯酰胺体系硅垢的电镜扫描结果（放大200倍）

　　垢样中偶尔也会出现长条形垢，其实就是聚丙烯酰胺靠自身的黏性粘附了多聚硅酸而形成的，如图4.13所示。

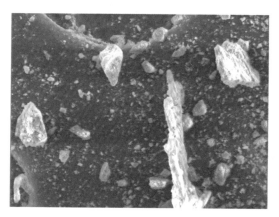

图4.13　含钙镁离子及聚丙烯酰胺体系硅垢的电镜扫描结果（放大430倍）

　　将块状体放大9000倍，可见垢样较疏松，团状和长条状垢质形态明显，如图4.14所示。

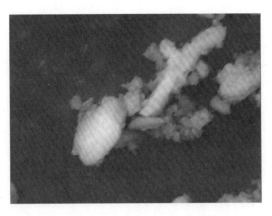

图4.14　含钙镁离子及聚丙烯酰胺体系硅垢的电镜扫描结果（放大9000倍）

通过上面的扫描电镜分析可知，含Ca^{2+}、Mg^{2+}及PAM体系硅酸聚合的结论如下：

（1）聚硅酸凝胶是由絮状和纤维状的聚硅酸分子形成毛刷状的整体结构，再由水填充间隙形成。变成聚硅酸凝胶的反应过程中同时有聚集、聚合和溶解作用，最后是聚集起主要作用，形成凝胶。

（2）聚硅酸粒子体积变大并不是因为颗粒自身变大，而是因为小颗粒通过物理吸附、黏结和交联反应而发生的聚集。

4.2.5　加入表活剂溶液成垢实验

用按地层矿化水组分调配的液体配制含有Ca^{2+}、Mg^{2+}及表活剂的低浓度硅溶液，其中各种离子浓度是$\rho_{Si^{4+}}$=100 mg/L，$\rho_{Ca^{2+}}$=60 mg/L，$\rho_{Mg^{2+}}$=36 mg/L，表活剂的浓度是$\rho_{表}$=100 mg/L。室温条件下溶液中有Ca^{2+}、Mg^{2+}及表活剂存在时，记录硅酸单体的生成、聚合及聚沉，絮状凝胶物质脱水沉积的过程及其形貌变化。

体系在加入Ca^{2+}、Mg^{2+}及表活剂之前，体系均质、透明；加入

Ca^{2+}、Mg^{2+}及表活剂后，溶液中有白色细颗粒状沉淀生成，如图4.15所示。

图4.15　含钙镁离子及表面活性剂的低浓度硅体系宏观全貌

由于表活剂的特性使得各种分子的表面性质变得相似，在多聚硅酸形成的过程中，硅垢也就倾向于各自分散、独立存在。图4.16所示为含表面活性剂硅垢干燥后的形貌特征，基本都是分散、独立的。

图4.16　含钙镁离子及表面活性剂的低浓度硅体系垢质干燥后宏观全貌

对生成的硅垢进行过滤、干燥、研磨，然后将得到的硅垢粉末涂在导电胶带上，通过扫描电镜观察其微观结构，如图4.17和图4.18所示。

硅垢放大500倍后观察，发现垢样的颗粒细碎，形状也十分不规则（见图4.17）。

图4.17　含钙镁离子及表面活性剂体系硅垢的电镜扫描结果（放大500倍）

选择形状较为特殊的部位放大5000倍观察，发现多聚硅酸多以小基团聚集（见图4.18）。

图4.18　含钙镁离子及表面活性剂体系硅垢的电镜扫描结果（放大5000倍）

通过图4.17和图4.18可得出硅酸（含Ca^{2+}、Mg^{2+}及表活剂）聚合的形貌学结论为，在含有Ca^{2+}、Mg^{2+}和表活剂的Si^{4+}浓度为100 mg/L的低浓度硅体系中生成的分散状的硅垢。

4.2.6 模拟三元复合体系溶液成垢实验

用按地层矿化水组分调配的液体配制含有Ca^{2+}、Mg^{2+}、PAM及表活剂的低浓度硅溶液，其中各种离子的浓度分别是$\rho_{Si^{4+}}=100$ mg/L，$\rho_{Ca^{2+}}=60$ mg/L，$\rho_{Mg^{2+}}=36$ mg/L，PAM的浓度是$C_{PAM}=100$ mg/L，表活剂的浓度是$C_{表}=100$ mg/L。室温条件下溶液中有Ca^{2+}、Mg^{2+}、PAM及表活剂存在时，记录硅酸单体的生成、聚合及聚沉，絮状凝胶物质脱水沉积的过程。

体系在加入Ca^{2+}、Mg^{2+}、PAM及表活剂之前，体系均质、透明；加入Ca^{2+}、Mg^{2+}、PAM及表活剂后，溶液变得有些浑浊，逐渐形成网状沉淀，如图4.19所示。

图4.19　含钙镁离子、聚丙烯酰胺及表面活性剂的低浓度硅体系宏观全貌

形成的网状沉淀干燥后，溶液底部出现一片或一条的白色沉淀。聚丙烯酰胺的捕捉、黏附作用使得硅垢以团状或条状聚集，而又由于表面活性剂的作用，促进了垢的形成，与单独加入聚合物的垢质形态有区别，如图4.20所示。

图4.20　含钙镁离子、聚丙烯酰胺及表面活性剂的低浓度硅体系垢质干燥后
宏观全貌

对生成的硅垢进行过滤，干燥，研磨，然后将得到的硅垢粉末涂在导电胶带上，通过扫描电镜观察其微观结构，如图4.21、图4.22所示。

从图4.21中我们可以看到，混合垢由晶体硅垢、条状硅垢以及分散的不规则片状、团状、球状的垢质组成，结构很复杂。将其中具有特点的部分再放大到3000倍，如图4.22所示。

图4.21　含钙镁离子、聚丙烯酰胺及表面活性剂体系硅垢的电镜扫描结果
（放大110倍）

图4.22　含钙镁离子、聚丙烯酰胺及表面活性剂体系硅垢的电镜扫描结果
（放大3000倍）

从以上两幅图中我们可以看出，由于聚合物的存在，捕捉和黏附的多聚硅酸形成片状的硅垢，而由于表活剂的特殊性质，使得垢表面性质相近，又起到一个分散的作用，这样就出现了网状垢质中间的丝状形态。在多种物质的共同作用下，成垢量多、类型复杂。

通过上面的电镜分析可知，硅酸（含Ca^{2+}、Mg^{2+}、PAM及表活剂）聚合的结论如下：

（1）在含有Ca^{2+}、Mg^{2+}的Si^{4+}浓度为100 mg/L的低浓度硅体系中加入PAM及表活剂，溶液中出现黏稠的条状垢及块状垢。

（2）表活剂使硅垢形成形状较为统一的球体；PAM凭借自身黏性使硅垢形成相互黏结的聚集体。

（3）多种因素造成的不同形态的硅垢量比单一因素量多，结构复杂。

4.3 硅垢形成过程影响因素

由于三元复合驱油井结垢情况复杂，不同区域，甚至同一区域的不同部位，其结垢状态均会有差别。因此，有必要先通过室内实验分析了解垢质形成过程的影响因素及规律。

4.3.1 实验原理及步骤

本实验所使用的Na_2SiO_3溶解度非常大，在100 mg/L～3000 mg/L的浓度范围内并不会自行析出Na_2SiO_3晶体。硅酸盐溶液中有多种形态的胶体硅，如悬浮硅、活性硅等。实验是以胶体化学理论为基础，研究胶体粒子在体系中聚集、聚沉最终形成硅垢的过程，这个过程符合胶体化学的DLVO理论，体系的矿化度、温度（对胶体粒子的热运动速率有影响）、pH（对溶液的电化学性质起决定性作用），都会对到体系中胶体粒子的聚沉产生影响。而当上述影响因素有变化时，即会使得溶液中的胶体粒子发生聚集产生胶体沉淀，最终形成硅垢。

1.影响因素

（1）pH。ASP三元复合驱强碱体系有NaOH，因此在模拟实验中所考察的pH范围就是8～13。

（2）温度。采油过程是从地层到地面，整体上温度变化比较大。因为油井井底温度大多在50℃左右，地面温度一般设定为室温，所以将模拟实验的考察温度定为50℃。

（3）多价阳离子。三元液对地下岩石的溶蚀过程中，不但Si^{4+}被洗脱出，Ca^{2+}、Mg^{2+}、Al^{3+}也一并析出，所以也要考察其它离子对Si^{4+}结垢过程的影响。按照现场和地层的采油数据确定模拟实验考察的条件：Si^{4+}浓度范围在$0\sim3000$ mg/L；Ca^{2+}、Mg^{2+}浓度比为2∶1，两者总浓度范围在$0\sim75$ mg/L；Al^{3+}浓度范围在$0\sim10$ mg/L。

（4）PAM和表活剂。三元液中不但含有NaOH，还含有PAM和表活剂，所以实验必须考察二者对Si^{4+}结垢的影响。按照现场实际数据及模拟实验的简化，确定模拟实验中所用的PAM的浓度范围在$0\sim150$ mg/L；表活剂的浓度则定为$0\sim100$ mg/L。

本实验模拟现场的三元复合驱条件，研究对象是可溶性硅酸盐，Si^{4+}的浓度用硅钼黄比色法进行测定。改变实验条件以确定不同条件下Si^{4+}的平衡浓度。研究使可溶性硅酸盐溶液析出硅垢的主要影响因素，以及它们的影响程度。

2.实验步骤

（1）模拟地层水的配制。取定量的试剂（Na_2SO_4、NaCl、Na_2CO_3和$NaHCO_3$），根据现场的数据及实验室条件，配制地层水，其中离子浓度及pH见表4-1。

表4-1　模拟地层水中各离子浓度（mg/L）及pH

$\rho_{SO_4^{2-}}$	ρ_{Cl^-}	$\rho_{CO_3^{2-}}$	$\rho_{HCO_3^-}$	ρ_{Na^+}	ρ_{Ca^+}	ρ_{Mg^+}	溶液 pH
30	700	200	1750	1200	0	0	10

（2）测定硅钼黄比色法标准曲线。本实验研究的是可溶性硅酸

盐溶液，通过硅钼黄比色法测得溶液中Si^{4+}的浓度。改变实验条件，测出不同的实验条件下溶液中Si^{4+}的平衡浓度。

采用硅钼黄比色法测定溶液中Si^{4+}平衡浓度的标准曲线如图4.23所示。得到的标准曲线方程是：$y=0.0015x+0.0064$，相关度$R^2=0.9996$。

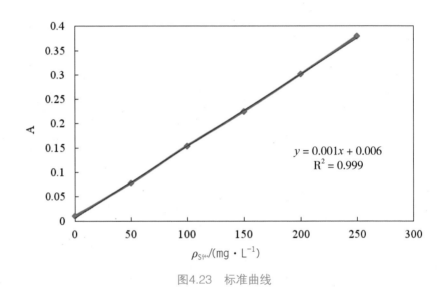

图4.23　标准曲线

（3）分各组别进行对比实验。

1）按地层水的组分配制地层水，向配制好的地层水中加入不同质量的Na_2SiO_3，使Si^{4+}浓度控制在实验考察的范围内：0～3200 mg/L。

2）用HCl调节溶液的pH，控制在实验所考察的范围内：8～13。

3）针对不同实验向溶液中加入一定量的$CaCl_2$、$MgCl_2$、$AlCl_3$、PAM和表活剂。考察这些因素分别对溶液中硅离子成垢的影响。

4）将上述溶液放置于恒温箱中，保持温度在50℃，静止反应。

5）反应一段时间之后，取出一定的反应液，离心取上清液，进行硅钼黄比色法测其溶液中Si^{4+}浓度。

4.3.2 实验结果与分析

1.单一的Si^{4+}体系研究

本实验主要研究用模拟地层水配制的不同浓度的Na_2SiO_3溶液在不同pH的实验条件下，溶液中Si^{4+}浓度的变化情况，进而分析Si^{4+}初始浓度与pH对于Si^{4+}成垢过程的影响。

（1）pH对硅垢形成的影响。温度为50℃，用按地层矿化水组分调配的液体配制了Si^{4+}初始浓度分别为3200 mg/L和2800 mg/L的溶液。观察溶液中Si^{4+}浓度在不同pH下随时间的变化以及pH对溶液中Si^{4+}成垢过程的影响。

1）Si^{4+}的初始浓度为3200 mg/L。由图4.24可知，pH=8，反应进行2 h后，溶液中不存在游离的Si^{4+}，全部形成硅酸凝胶；pH=9，反应进行2.5 h后，溶液中不存在游离的Si^{4+}，全部形成凝胶；pH=10，反应进行10 h后，Si^{4+}全部形成硅酸凝胶；pH=11、12、13时，反应超过50 h，溶液中仍有部分游离的Si^{4+}存在，未形成硅酸凝胶。

以反应9小时的实验数据为基准，做出不同pH溶液中离子浓度与pH的关系曲线，如图4.25所示。由曲线可知：溶液中Si^{4+}的浓度随着pH的增大而增加，即溶液的碱性越强，溶液中的Si^{4+}越不容易成垢。

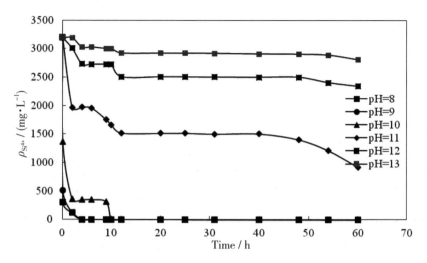

图4.24 50℃，单一硅（$\rho_{Si^{4+}}$=3200 mg/L）体系中pH对硅离子浓度的影响

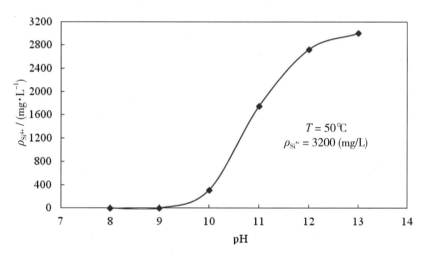

图4.25 反应9小时，单一硅体系硅离子浓度随pH的变化趋势

2）Si^{4+}初始浓度为2800 mg/L。由图4.26可以看出，溶液中Si^{4+}初始浓度分别为3200 mg/L和2800 mg/L的成垢趋势基本相同，只是在成垢时间上2800 mg/L时间较长。pH=8，4 h后，溶液中不存在游离的Si^{4+}，全部形成硅酸凝胶；pH=9，32 h之后，溶液中基本不存

强碱三元复合驱后储层结构变化
及结垢机理研究

在游离的Si^{4+}；pH=10，11，12，13，反应超过50 h，溶液中仍有游离的Si^{4+}存在。

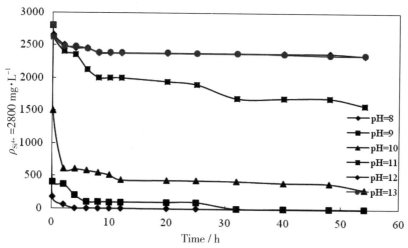

图4.26　50℃，单一硅（$\rho_{Si^{4+}}$=2800mg/L）体系中pH对硅离子浓度的影响

以反应8 h为基准，pH与Si^{4+}浓度的关系曲线如图4.27所示。趋势与Si^{4+}浓度为3200 mg/L时大致相同。同样由曲线可知：溶液中Si^{4+}的浓度随着pH的升高而增加。

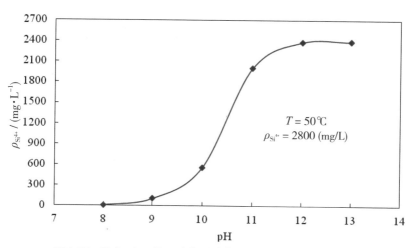

图4.27　反应8 h，单一硅体系硅离子浓度随pH的变化趋势

由图4.24、图4.26可知，在碱性条件下，溶液的初始浓度越高，pH越小，Si^{4+}成垢的时间越短，速度越快，硅垢更易于聚沉。体系中浓度范围2800mg/L≤$\rho_{Si^{4+}}$≤3200mg/L，当pH=8～10时，溶液中的Si^{4+}在较短时间即可聚沉成垢或者达到平衡浓度；而当pH=11～13时，溶液中的Si^{4+}在较长时间才形成凝胶甚至不形成凝胶。成垢体系中，垢的形成与溶解达到一种稳定状态。即碱度较低时，垢的形成速度大于或等于垢的溶解速度；碱度较高时，垢的形成速度小于或等于垢的溶解速度。

（2）硅浓度对硅垢形成的影响。向配制好的模拟地层水加入Na_2SiO_3制成高浓度硅和低浓度硅两类溶液，在相同的试验温度下测溶液中Si^{4+}浓度随时间的变化规律，分析硅浓度对于Si^{4+}成垢过程的影响。

1）高浓度硅体系$\rho_{Si^{4+}}$=2800 mg/L。

图4.28表示当pH=13时，溶液Si^{4+}初始浓度为2800 mg/L，温度为50℃条件下，溶液中Si^{4+}的浓度随时间的变化规律。

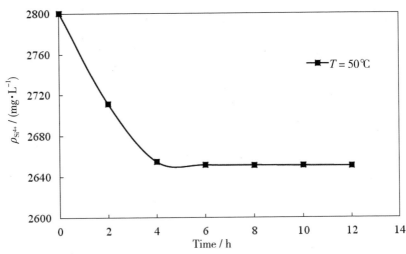

图4.28　pH=13，单一硅体系（$\rho_{Si^{4+}}$=2800 mg/L）中硅离子浓度变化规律

由图4.28可知，初始Si⁴⁺浓度较高、pH较大的溶液，非常容易达到离子平衡，而且成垢量较少。

2）低浓度硅体系。用按地层矿化水组分调配的液体配制Si⁴⁺浓度分别是500 mg/L、300 mg/L、200 mg/L，pH=13的溶液，在温度为50℃条件下，观察Si⁴⁺浓度随时间的变化关系。

图4.29所示为pH=13，Si⁴⁺初始浓度为500 mg/L的溶液，温度为50℃条件下，溶液中可溶性Si⁴⁺随时间的变化关系。

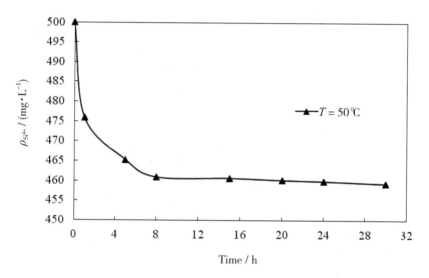

图4.29　单一硅体系（$\rho_{Si^{4+}}$=500 mg/L）中硅离子浓度变化规律

图4.30所示为pH=13，Si⁴⁺初始浓度为300 mg/L的溶液，温度为50℃条件下，溶液中Si⁴⁺浓度随时间的变化关系。

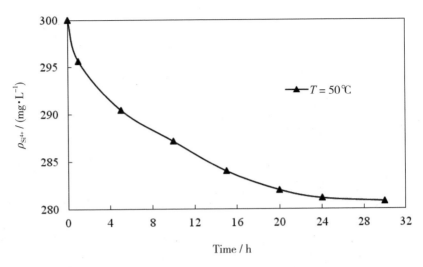

图4.30　单一硅体系（$\rho_{Si^{4+}}$=300 mg/L）中硅离子浓度变化规律

图4.31所示为pH=13，Si^{4+}初始浓度为200 mg/L的溶液，温度为50℃条件下，溶液中Si^{4+}浓度随时间的变化关系；由图4.29到图4.31，初始浓度越高，成垢的Si^{4+}越多，硅离子浓度下降的越快。

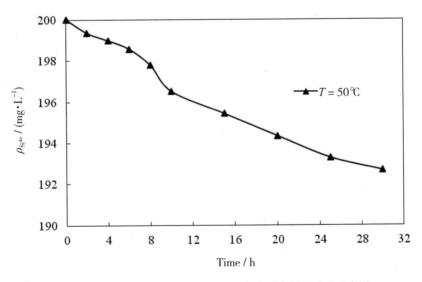

图4.31　单一硅体系（$\rho_{Si^{4+}}$=200 mg/L）中硅离子浓度变化规律

通过分析大量的实验数据，可以得出在不加入Ca^{2+}、Mg^{2+}等其他离子的单一硅体系中Si^{4+}的成垢规律。图4.32所示为50℃的温度下Si^{4+}的成垢相图和不同pH下Si^{4+}的成垢相图。

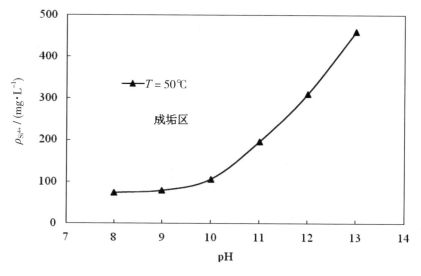

图4.32　单一硅体系硅离子成垢相图

2.Ca^{2+}、Mg^{2+}对Si^{4+}成垢的影响

本项研究中，以向按地层矿化水组分调配的液体中加入Ca^{2+}、Mg^{2+}后的Na_2SiO_3溶液体系为研究对象，考察Ca^{2+}、Mg^{2+}浓度和pH对体系中Si^{4+}成垢过程的影响。

（1）Ca^{2+}、Mg^{2+}浓度分别为20 mg/L、10 mg/L。

向配制好的Na_2SiO_3溶液中加入$CaCl_2$、$MgCl_2$，使Ca^{2+}、Mg^{2+}浓度分别为20 mg/L、10 mg/L，考察反应温度为50℃，pH=8～13对溶液中Si^{4+}结垢过程的影响。

如图4.33所示为Ca^{2+}、Mg^{2+}浓度分别为20 mg/L、10 mg/L，50℃温度下Si^{4+}的平衡浓度随pH的变化规律。pH=8～11时，Si^{4+}的平衡

浓度几乎没有变化，pH=12～13时变化较明显。

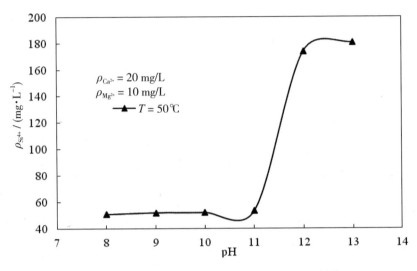

图4.33　50℃的温度下硅离子浓度随pH的变化趋势

（2）Ca^{2+}、Mg^{2+}浓度分别为30 mg/L、15 mg/L。

向配制好的Na_2SiO_3溶液中加入$CaCl_2$、$MgCl_2$，使Ca^{2+}、Mg^{2+}浓度分别为30 mg/L、15 mg/L，考察反应温度T=50℃，pH=8～13时对溶液中Si^{4+}结垢过程的影响。

图4.34所示为Ca^{2+}、Mg^{2+}浓度分别为30 mg/L、15 mg/L，50℃的温度下Si^{4+}的平衡浓度随pH的变化规律。pH=8～11时，Si^{4+}的平衡浓度几乎没有变化，pH=12～13时变化较明显。

（3）Ca^{2+}、Mg^{2+}浓度分别为40 mg/L、20 mg/L。

向配制好的Na_2SiO_3溶液中加入$CaCl_2$、$MgCl_2$，使Ca^{2+}、Mg^{2+}浓度分别为40 mg/L、20 mg/L，考察反应温度T=50℃，pH=8～13时对溶液中Si^{4+}结垢过程的影响。

图4.35所示为Ca^{2+}、Mg^{2+}浓度分别为40 mg/L、20 mg/L，50℃的

强碱三元复合驱后储层结构变化
及结垢机理研究

温度下Si⁴⁺的平衡浓度随pH的变化规律。pH=8～11时，Si⁴⁺的平衡浓度几乎没有变化，pH=12～13时变化较明显。

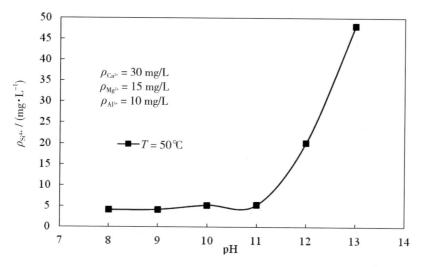

图4.34　50℃的温度下硅离子浓度随pH的变化趋势

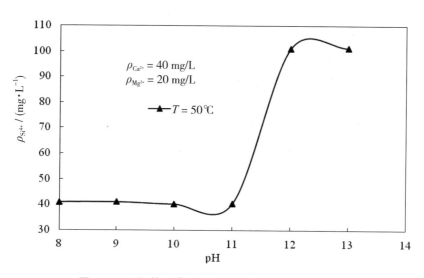

图4.35　50℃的温度下硅离子浓度随pH的变化趋势

（4）Ca^{2+}、Mg^{2+}浓度分别为50 mg/L、25 mg/L。

向配制好的Na_2SiO_3溶液中加入$CaCl_2$、$MgCl_2$，使Ca^{2+}、Mg^{2+}浓度分别为50 mg/L、25 mg/L，考察反应温度T=50℃，pH=8～13时对溶液中Si^{4+}结垢过程的影响。

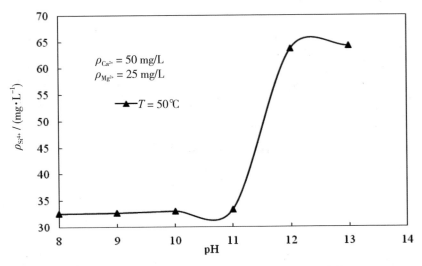

图4.36　50℃的温度下硅离子浓度随pH的变化趋势

图4.36所示为Ca^{2+}、Mg^{2+}浓度分别为50 mg/L、25 mg/L，50℃的温度下Si^{4+}的平衡浓度随pH的变化规律。pH=8～11时，Si^{4+}的平衡浓度几乎没有变化，pH=12～13时变化较明显。

由图4.37得出如下结论：

1）体系的pH越大，Si^{4+}的平衡浓度越大，成垢趋势越弱；pH=8～11，Si^{4+}的成垢规律相同，Ca^{2+}、Mg^{2+}对硅离子浓度影响不明显，pH越大，Ca^{2+}、Mg^{2+}的影响越明显。

2）随着Ca^{2+}、Mg^{2+}总浓度的增加，Si^{4+}的平衡浓度逐渐减小，即Si^{4+}的成垢趋势更为明显。

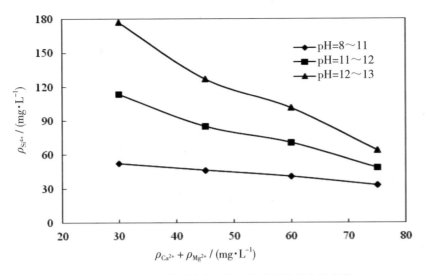

图4.37 50℃，硅离子浓度随钙、镁离子浓度变化趋势

3.Al^{3+}对Si^{4+}成垢的影响

本项研究中，以向按地层矿化水组分调配的液体中加入Ca^{2+}、Mg^{2+}后的Na$_2$SiO$_3$溶液体系为研究对象。固定Ca^{2+}、Mg^{2+}浓度分别为30 mg/L、15 mg/L，考察Al^{3+}浓度、pH对溶液中Si^{4+}成垢过程的影响。

（1）Al^{3+}浓度为5 mg/L。用按地层矿化水组分调配的液体配制Na$_2$SiO$_3$溶液，加入CaCl$_2$、MgCl$_2$、AlCl$_3$使Ca^{2+}、Mg^{2+}、Al^{3+}浓度分别30 mg/L、15 mg/L、5 mg/L。考察pH=8～13，温度为50℃时对于溶液中Si^{4+}成垢过程的影响。

分析大量的实验数据，如图4.38所示，在$\rho_{Ca^{2+}}$=30 mg/L，$\rho_{Mg^{2+}}$=15 mg/L，$\rho_{Al^{3+}}$=5mg/L实验条件下，50℃的温度下Si^{4+}的平衡浓度随pH变化的规律。由图可知，pH=8～11时，pH对Si^{4+}平衡浓度几乎没有影响；pH=12时，Si^{4+}的平衡浓度较高；pH=13时，Si^{4+}的平衡浓度最高。

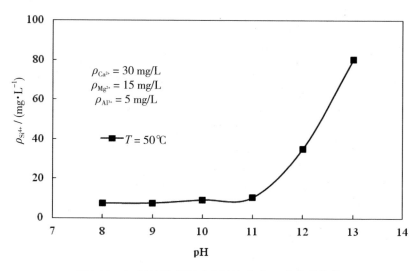

图4.38　50℃的温度下硅离子浓度随pH变化的趋势

（2）Al^{3+}浓度为10mg/L。用按地层矿化水组分调配的液体配制 Na_2SiO_3溶液，加入$CaCl_2$、$MgCl_2$、$AlCl_3$使Ca^{2+}、Mg^{2+}、Al^{3+}浓度分别 30 mg/L、15 mg/L、10 mg/L。考察pH=8～13，温度为50℃时对于溶液中Si^{4+}成垢过程的影响。

分析大量的实验数据，画出如图4.39所示，在$\rho_{Ca^{2+}}$=30 mg/L、 $\rho_{Mg^{2+}}$=15 mg/L、$\rho_{Al^{3+}}$=10 mg/L实验条件下，温度为50℃下Si^{4+}的平衡浓度随pH变化的规律。由图可知，pH=8～11时，pH对Si^{4+}平衡浓度几乎没有影响；pH=12时，Si^{4+}的平衡浓度较高；pH=13时，Si^{4+}的平衡浓度最高。

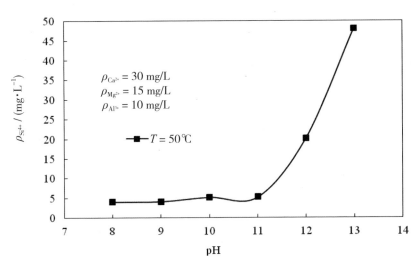

图4.39　50℃的温度下硅离子浓度随pH变化的趋势

由图4.39得出如下结论：

1）随pH的增大，Si^{4+}的平衡浓度增大，成垢趋势降低；pH=8～11时，Si^{4+}的成垢规律相同；pH=12～13时，Si^{4+}的成垢规律相同，温度变化对于Si^{4+}的平衡浓度影响较大。

2）Al^{3+}对Si^{4+}成垢过程影响不大。

4.PAM对Si^{4+}成垢的影响

本项研究中，以向按地层矿化水组分调配的液体中加入Ca^{2+}、Mg^{2+}、Al^{3+}及PAM的Na_2SiO_3溶液体系为研究对象。固定Ca^{2+}、Mg^{2+}、Al^{3+}浓度分别为30 mg/L、15 mg/L、5 mg/L，考察不同PAM浓度、pH值对体系中Si^{4+}成垢过程的影响。反应温度为50℃。

向实验室按地层矿化水组分调配的液体配制成Na_2SiO_3溶液体系中加入一定质量的$CaCl_2$、$MgCl_2$、$AlCl_3$和不同质量的PAM，使Ca^{2+}、Mg^{2+}、Al^{3+}浓度分别为30 mg/L、15 mg/L、5 mg/L。温度50℃，

pH=8、10、12时，考察不同浓度的PAM（PAM浓度分别为50 mg/L、100 mg/L、150 mg/L）对体系中Si^{4+}成垢过程的影响。

由图4.40可知，PAM浓度为50 mg/L和100 mg/L时，对Si^{4+}结垢过程的影响相同，即pH=8、10时，Si^{4+}的平衡浓度都低于6 mg/L；pH=12时，Si^{4+}的平衡浓度都低于12 mg/L。PAM浓度为150 mg/L时，pH=8、10、12时，Si^{4+}的平衡浓度都低于10 mg/L。

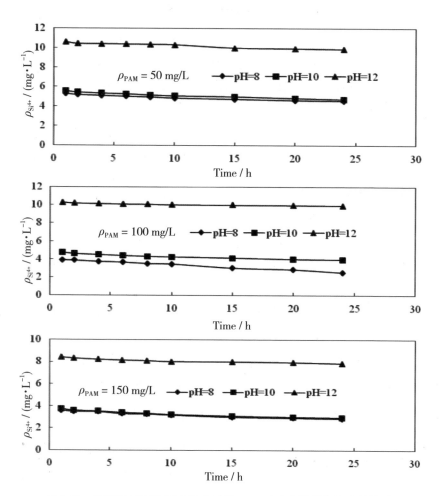

图4.40　不同浓度聚丙烯酰胺条件下，pH对硅离子平衡浓度的影响

本项研究中，结合图4.40，以按地层矿化水组分调配的液体中加入Ca^{2+}、Mg^{2+}、Al^{3+}及PAM的Na_2SiO_3溶液体系为研究对象。固定Ca^{2+}、Mg^{2+}、Al^{3+}浓度，考察不同PAM浓度、pH对溶液中Si^{4+}的成垢规律，并绘制出图4.41。

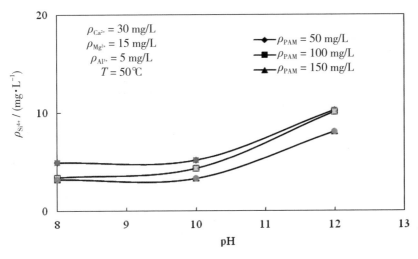

图4.41　硅离子浓度随pH的变化

研究分析图4.41可知，Ca^{2+}、Mg^{2+}、Al^{3+}及PAM共存的情况下，溶液中Si^{4+}的浓度较低，最高不超过12 mg/L，且很容易生成硅垢。

5.表活剂对Si^{4+}成垢的影响

本项研究中，以按地层矿化水组分调配的液体中加入Ca^{2+}、Mg^{2+}、Al^{3+}及表活剂的Na_2SiO_3溶液体系为研究对象。固定Ca^{2+}、Mg^{2+}、Al^{3+}浓度分别为30 mg/L、15 mg/L、5 mg/L，温度为50℃，考察不同表活剂浓度和pH值对溶液中Si^{4+}成垢过程的影响，如图4.42、图4.43所示。

可以看出，溶液中Si⁴⁺的平衡浓度较低，且pH对其变化较小，很容易结垢。

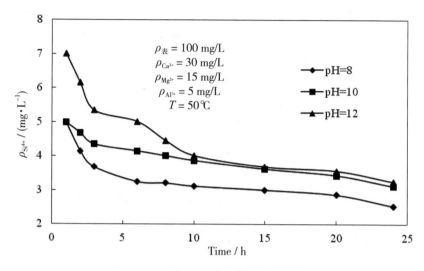

图4.42　50℃，pH对硅离子浓度的影响

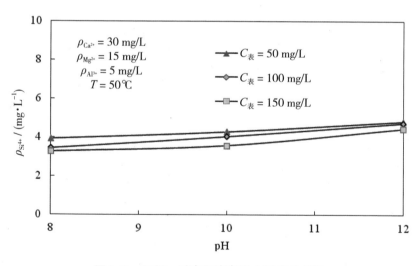

图4.43　50℃，硅离子浓度随pH的变化趋势

强碱三元复合驱后储层结构变化
及结垢机理研究

通过以上实验研究可得出以下结论:

(1) Si^{4+}的初始浓度增大,Si^{4+}的平衡浓度就会降低,越易形成硅垢。

(2) 溶液中不存在Ca^{2+}、Mg^{2+}、Al^{3+}时,随pH的升高,体系中Si^{4+}浓度增加,硅垢形成趋势降低。当含有多价离子,体系中$8 \leqslant pH \leqslant 11$($T=50$℃)时,$Si^{4+}$的成垢趋势类似,$Ca^{2+}$、$Mg^{2+}$浓度对硅垢的形成过程影响并不明显。当溶液$11 \leqslant pH \leqslant 13$($T=50$℃),$Ca^{2+}$、$Mg^{2+}$浓度对硅垢影响明显。

(3) Ca^{2+}、Mg^{2+}的总浓度越高,溶液中Si^{4+}的浓度越低,越容易形成硅垢。

(4) Al^{3+}的存在对于Si^{4+}成垢过程影响不大。

(5) 溶液中Ca^{2+}、Mg^{2+}、Al^{3+}及PAM共存时,Si^{4+}浓度极低,Si^{4+}的平衡浓度最高不超过12 mg/L,很容易生成硅垢。

(6) 溶液中Ca^{2+}、Mg^{2+}、Al^{3+}及表面活性剂共存时,pH对Si^{4+}浓度的变化影响较小,均不超过5 mg/L,易生成硅垢。

4.4　本章小结

(1) 硅结垢主要是硅酸单体发生聚合得到多聚硅酸,多聚硅酸经缩聚、脱水反应生成凝胶。聚合可以是硅酸独自聚合,也可以是硅酸单体附着在其他分子(比如PAM、表活剂分子)上聚合,脱水,最终生成混合垢。

（2）硅垢形成的影响因素总结如下：

1）Si^{4+}的初始浓度越高，成垢时间越短，成垢量越多。

2）Ca^{2+}、Mg^{2+}为硅垢的形成提供了晶核，浓度越高硅垢量越多。

3）PAM的聚集作用促进硅垢形成。

4）表活剂的分散作用使硅垢的结构更为复杂，同时也促使硅垢的形成。

（3）硅垢形成过程影响因素规律如下：

1）溶液中不存在钙、镁、铝离子时，随pH的升高，体系中可溶性硅离子浓度增加，硅垢形成趋势降低。当含有多价离子，体系中$8 \leqslant pH \leqslant 11$（$T=50℃$）时，硅离子的成垢趋势类似，钙、镁离子浓度的变化对硅垢的形成过程影响并不明显。当溶液$11 \leqslant pH \leqslant 13$（$T=50℃$），钙、镁离子浓度的变化对硅垢的形成影响明显。

2）钙、镁离子的总浓度越高，溶液中可溶性硅离子的浓度越低，越容易形成硅垢；铝离子的存在对于硅离子成垢过程影响不大。

3）溶液中钙、镁、铝离子及聚丙烯酰胺共存时，可溶性硅离子浓度极低，pH在12以下时，硅离子的平衡浓度最高不超过12 mg/L，很容易生成硅垢；溶液中钙、镁、铝离子及表面活性剂共存时，pH对硅离子浓度的变化影响较小，pH在12以下时，硅离子浓度均不超过5 mg/L，易生成硅垢。

第 5 章

强碱三元复合驱
化学防垢技术
研究

从以上研究可知，三元复合驱后强碱对地层的伤害所导致的结垢现象明显，对注入、采出以及微观上剩余油的驱替均有一定的影响。解决三元复合驱垢质所造成的危害，最好的方法是预先防止垢的产生。化学防垢是油田中最为常用的抑制和减缓结垢的一项工艺技术，我国于20世纪70年代初开始陆续开展这方面的研究应用工作，目前已经形成了品种齐全、效果良好的系列防垢剂，但多数防垢剂仅适用于pH为6～10的水质，而对于pH大于10的水质防垢效果还不理想，且多数防垢剂只对钙镁垢、硅垢中的一种效果较好，防垢效果单一。因此，针对三元复合驱采出液pH高、硅离子含量高等苛刻条件造成常规防垢剂难以有效防垢的情况，相应地开展了适合三元复合驱油井特点的防垢剂研究。本章主要结合第4章的研究结论，对防垢剂的进行种类筛选、性能评价及参数优化，并通过在现场进行实际应用，证明效果良好。

5.1　三元复合驱防垢剂筛选

好的防垢剂应满足无毒、高效、来源广、成本低和与其他化学剂配伍性好等要求。油田水处理过程中常用的防垢剂有天然防垢剂、含磷有机缓蚀防垢剂、无机聚磷酸盐、和低分子量聚合物等。根据三元复合驱体系的结垢规律特点，查阅了大量的资料，分别选择了钙镁垢防垢剂和硅垢防垢剂两种类型防垢剂进行筛选，共采购了31种防垢剂作为筛选对象。

5.1.1 三元复合驱钙镁垢防垢剂筛选

1.钙镁垢防垢率实验方法的确定

防垢率是评价防垢剂防垢效果的主要指标,结合之前的研究结果可知,钙镁垢的形成给硅垢聚合结晶提供了晶核,对硅垢的形成起促进作用,且钙镁垢质反应快速,形成垢质时间较硅垢形成时间短。因此,首先测量钙镁垢防垢剂的防垢率进行筛选。

要评价防垢剂的防垢率,首先要配制钙、镁离子溶液及合理浓度、适当pH的模拟地层水。配制的步骤如下:

(1)配制钙镁离子溶液。

1)将$CaCl_2$、$MgCl_2$放置于电热鼓风干燥箱内,设定温度为110℃,干燥1.5 h后,取出置于干燥器内40 min;

2)用电子天平称取4.1625 g干燥后的$CaCl_2$,3.5625 g的$MgCl_2$,用去蒸馏水溶于500 mL烧杯内,搅拌至完全溶解后,转移至5000 mL容量瓶中,反复淋洗烧杯并转移至容量瓶内,定容后静置备用。

(2)模拟地层水的配制。根据现场的数据及实验室条件,配制地层水,其离子浓度及pH见表5-1。

表5-1 模拟地层水中各离子浓度(mg/L)及pH

$\rho_{SO_4^{2-}}$	ρ_{Cl^-}	$\rho_{CO_3^{2-}}$	$\rho_{HCO_3^-}$	ρ_{Na^+}	$\rho_{Ca^{2+}}$	$\rho_{Mg^{2+}}$	溶液pH
30	700	200	1750	1200	0	0	10

（3）防垢剂室内评价操作步骤如下：

1）用移液管取100 mL模拟地层水溶液置于500 mL的容量瓶中；

2）加入一定量的防垢剂，边摇晃边滴加；

3）放置数分钟后，再用移液管加入100 mL钙镁离子溶液，同样要边摇晃边加入；

4）用蒸馏水稀释并定容至500 mL后，将配好的溶液移至500 mL锥形瓶中，上面套一根冷凝管，放置在50℃的恒温水浴箱中恒温48 h；

5）48 h后取出锥形瓶，用移液管移取样量10 mL，不需过滤，加约90 mL蒸馏水，测量钙离子浓度；

6）所有防垢剂评价实验结束后，另做一组不加防垢剂实验，测定钙镁离子浓度，即为未加防垢剂溶液反应后钙镁离子浓度。

2.钙镁垢防垢率实验结果

防垢效果一般用防垢率来表示。防垢率的计算方法为

$$阻垢率 = \frac{(M_2 - M_1)}{(M_0 - M_1)} \times 100\% \qquad (5-1)$$

式中，M_0为原溶液中钙镁离子浓度，mg/L；M_1为未加防垢剂溶液反应后钙镁离子浓度，即空白溶液的浓度，mg/L；M_2为加入防垢剂溶液反应后钙镁离子浓度，mg/L。

为了简化实验，主要测量钙离子浓度计算防垢率。将实验所得结果按照防垢率公式计算，结果见表5-2。

表5-2 碳酸钙（镁）垢防垢剂筛选

序号	防垢剂名称	类别	浓度 mg·L⁻¹	原液中Ca²⁺含量 mg·L⁻¹	反应液中Ca²⁺含量 mg·L⁻¹	防垢率 %
1	未添加防垢剂	–	–	60	0.0	–
2	ATMP	氨基三甲基叉膦酸	50	60	23.5	39.17
3	PAA	聚丙烯酸	50	60	29.5	49.17
4	DTPMP	二乙烯三胺五甲叉膦酸	50	60	41.7	69.50
5	831	丙烯酸-马来酸酐-2-丙烯酰胺基-2甲基丙磺酸共聚物	50	60	46.6	77.67
6	832	丙烯酸-马来酸酐-2-丙烯酰胺基-2-甲基丙磺酸共聚物	50	60	45.8	76.33
7	DPSC	N，N′-二甲叉膦酸—N-甲叉磺酸—N′-羧甲基乙二胺	50	60	44.4	74.00
8	EDTMPS	乙二胺四亚甲基膦酸钠	50	60	34.2	57.00
9	T-601	膦羧酸共聚物	50	60	51.2	85.33
10	HEDP	1-羟基乙烷-1，1-二膦酸	50	60	0.0	0.00
11	T-602	有机膦酸	50	60	48.8	81.33
12	SY-401	新型防垢剂	50	60	54.9	91.50
13	PBTCA	2-膦酸丁烷-1，2，4-三羧酸	50	60	30.6	51.00
14	HPMA	水解聚马来酸酐	50	60	18.8	31.33

上述实验结果表明，在不加强碱、聚合物、表活剂的理想状态下，SY-401型防垢剂、T-601型防垢剂、T-602型防垢剂防垢效果较好，防垢率均在80%以上。

5.1.2 三元复合驱硅垢防垢剂筛选

大多数目前使用的防垢剂都是对Ca^{2+}、Mg^{2+}等金属离子态垢起到抑制的防垢剂，是通过防垢剂自身或水解产物与Ca^{2+}、Mg^{2+}等金属离子形成稳定的多元络合物，对分子态SiO_2不能起到有效的防治作用，而硅结垢又是油井出砂量大、卡泵的主要原因之一。因此，有必要在钙镁垢防垢剂筛选后，进行硅垢防垢剂的筛选。

1.硅结垢防垢率实验方法的确定

模拟以理想状态（不含强碱、表面活性剂、聚合物）水质条件下，对比各类型防垢剂的防垢效果。将硅离子浓度作为考察指标，分别向含硅离子300 mg/L模拟采出水中加入不同防垢剂，然后放置于50℃恒温中水浴反应48小时，测定反应后溶液中硅离子的浓度，防垢剂的防垢率由反应前后硅离子浓度的变化来计算。硅离子浓度的测定方法如下：

（1）药品及仪器。

1）药品：钼酸钠，硅酸钠晶体，$CaCl_2$，$MgCl_2$，$AlCl_3$，HCl溶液，H_2SO_4，抗坏血酸。

2）仪器：721型分光光度计，酸碱测定仪，恒温槽，天平。

（2）原理。硅离子浓度的测定是用分光光度计测定其溶液的吸光度。溶液中的硅离子与钼酸钠生成钼酸黄，由于钼酸黄不稳定，溶液颜色或浅或深，因此，用抗坏血酸将钼酸黄还原为更稳定的硅钼蓝。通过测定溶液中硅钼蓝的颜色来确定硅离子的浓度，从而计算防垢剂的防垢率。

2.硅垢防垢率实验结果

防垢率的计算方法为

$$阻垢率 = \frac{(T_2 - T_1)}{(T_0 - T_1)} \times 100\% \qquad （5-2）$$

式中，T_0为原溶液中硅离子浓度，mg/L；T_1为未加防垢剂溶液反应后硅离子浓度，mg/L；T_2为加防垢剂溶液反应后硅离子浓度，mg/L。

将实验测得硅离子浓度结果按照防垢率公式计算，结果见表5-3。

表5-3　硅垢防垢剂筛选

序号	防垢剂名称	原液中硅离子含量	反应液中硅离子含量	防垢率
		mg·L⁻¹	mg·L⁻¹	%
1	未加防垢剂	300	243.4	0
2	7002	300	285.3	74.1
3	317	300	282.7	69.5
4	三聚磷酸钠	300	284.9	73.3
5	ZH-3	300	278.7	62.3
6	ZK-1	300	266.3	40.5
7	ZK-2	300	278.3	61.7
8	EDTMP	300	291.5	84.9
9	SY-401	300	289.5	81.4
10	1600	300	284.2	72.1
11	304	300	254.9	20.4
12	7005	300	260.2	29.6
13	ATMP	300	289.3	81.1
14	310	300	287.4	77.8

强碱三元复合驱后储层结构变化及结垢机理研究

序号	防垢剂名称	原液中硅离子含量	反应液中硅离子含量	防垢率
		mg·L^{-1}	mg·L^{-1}	%
15	7001	300	284.3	72.3
16	604	300	286.7	76.5
17	604A	300	256.0	22.3
18	608	300	283.9	71.5

上述实验结果表明，在不加强碱、聚合物、表活剂的理想状态下，SY-401型防垢剂、EDTMP型防垢剂和ATMP型防垢剂防垢效果较好，防垢率均在80%以上。

5.1.3 SY-401型防垢剂防垢机理

结合钙镁垢防垢剂、硅垢防垢剂筛选结果来看，SY-401型新型防垢剂可以同时对钙镁垢及硅垢防治均有良好效果，而其他防垢剂若经现场投入使用，必须通过复配优化达到一定比例，操作复杂繁琐且不易掌握。SY-401新型防垢剂防垢机理总结如下。

1.螯合增溶作用

SY-401型防垢剂溶于水后发生电离，生成带负电的分子链，它与Ca^{2+}、Mg^{2+}等阳离子形成稳定的可溶于水的络合物或螯合物，阻止了与其成垢阴离子（CO$_3^{2-}$、SO$_4^{2-}$、SiO$_3^{2-}$等）的接触，使成垢概率大大降低，从而提高了水中Ca^{2+}、Mg^{2+}等离子的允许浓度，相对而言就是增大了钙、镁盐的溶解度，起到防垢作用，如图5.1所示。

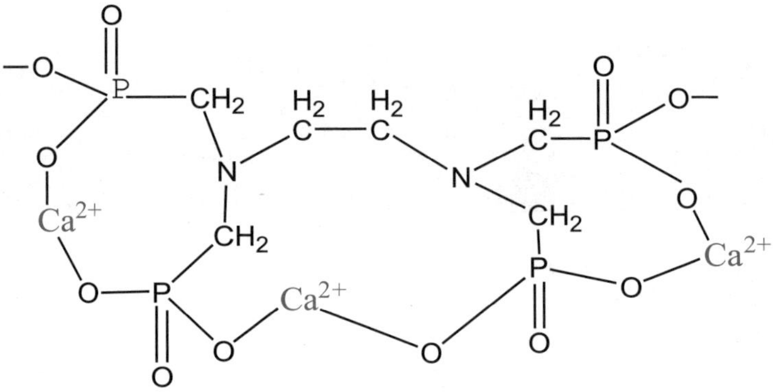

图5.1　防垢剂水解后与Ca^{2+}形成络合物原理图

2.改变硅聚体表面性质

在硅垢的微晶体成长过程中，从结晶动力学观点来讲，结垢的过程首先是生成晶核，形成少量的微晶体，微晶体在溶液中持续碰撞，并按一种特定的序列排列或集合，再由微晶体生成大晶体而沉积在金属表面。若防垢剂分子中部分官能团被吸附在硅垢晶核或微晶体上，占据一定位置，干扰或阻碍了硅垢微晶体的正常生长，致使晶体不能按照特定的序列排列，就会发生晶体畸变，或是使大晶体内部的应力增加，从而阻碍和破坏无机盐晶体正常生长，使晶体增长速率减缓，抑制了垢的形成，如图5.2所示。

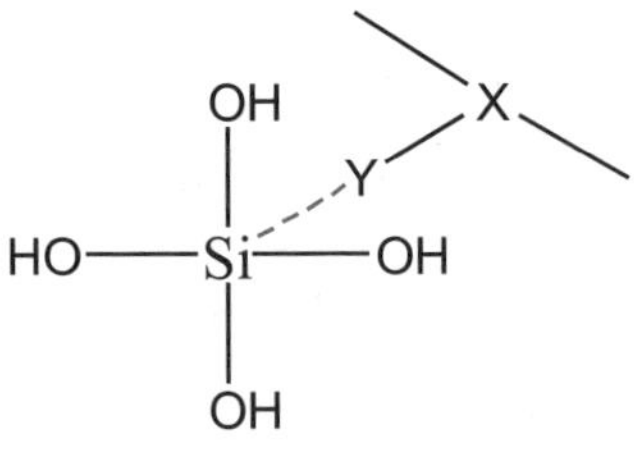

图5.2　防垢剂改变硅垢晶体表面性质原理图

3.发生吸附现象

SY–401型防垢剂溶于水后会因为离子化产生迁移性反离子（H^+、Na^+），脱离高分子键区向水中扩散，因而使分子链成为带负电荷的聚离子（—COOH）。分子链上的带电功能基团相互排斥，使分子扩张改变了分子表面的电荷分布密度，在与硅垢微晶体发生碰撞时，会发生物理化学吸附现象，从而使微晶体表面形成双电层，而聚羧酸盐的链状结构可以吸附多个相同电荷的微晶，它们之间的静电斥力会阻止微晶体的相互碰撞，因此避免了大晶体的形成，在吸附产物碰到其他聚羧酸盐离子时，又会把已吸附的微晶转移过去，出现晶粒的均匀分散现象，从而阻止了晶粒间及晶粒与金属表面间的碰撞，减少了溶液中的晶核数，使无机盐在溶液中处于良好的分散状态，由此起到防止或减少结垢的作用，如图5.3所示。

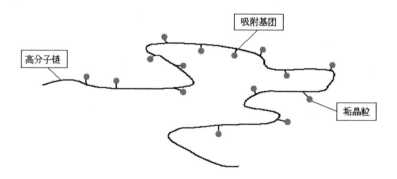

图5.3　防垢剂对硅垢的物理化学吸附原理

5.2 防垢剂性能评价

模拟三元复合驱试验区块结垢离子组成，评价了钙离子含量、硅离子含量、药剂用量对SY-401型防垢剂防垢性能的影响。实验所用模拟地层水离子组成如表5-4所示。

表5-4 模拟地层水中各离子浓度（mg/L）

防垢剂	时间/h	$\rho_{SO_4^{2-}}$	ρ_{Cl^-}	$\rho_{CO_3^{2-}}$	$\rho_{HCO_3^-}$	ρ_{Na^+}	$\rho_{SiO_3^{2-}}$
50	24	30	700	200	1 750	1 320	200

5.2.1 钙离子含量对防垢剂防垢效果的影响

防垢剂用量50mg/L，50℃恒温条件下，改变钙离子浓度（30～70 mg/L），评价钙离子含量对防垢剂防垢效果的影响，如图5.4所示。

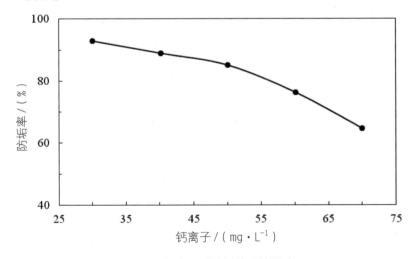

图5.4 钙含量对防垢效果的影响

**强碱三元复合驱后储层结构变化
及结垢机理研究**

由图5.4可知，未加药体系成垢粒度较小，垢量较大，药剂起到了阻垢效果。随着评价体系中钙离子含量的增加，体系成垢量增加，防垢效果降低，但成垢粒度较软，垢质外观呈絮状，在油田生产中不易造成卡泵。防垢率在钙离子加入量大于50 mg/L后大幅降低。这是由于当一种沉淀从溶液中析出时，可引起可溶性物质一起沉淀，二者在形成过程中存在相互促进的作用，如共沉淀吸附作用。

5.2.2 硅离子含量对防垢剂防垢效果的影响

防垢剂用量50 mg/L，在50℃恒温条件下，改变硅离子加入量（100～450 mg/L），评价硅含量对防垢效果的影响，如图5.5所示。

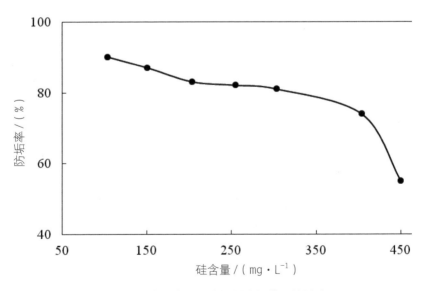

图5.5 硅离子含量对防垢剂防垢效果的影响

由图5.5可知，硅含量越多成垢量越多。硅含量小于300 mg/L评价体系中，防垢剂防垢率达到80%以上。硅含量大于400 mg/L时，防垢效果急速下降。防垢剂用量50 mg/L，在硅含量小于400 mg/L的体系中能起到良好的防垢效果。

5.2.3 防垢剂的用量及使用条件分析

在50℃恒温条件下，改变防垢剂用量，评价药剂的防垢效果，如图5.6所示。

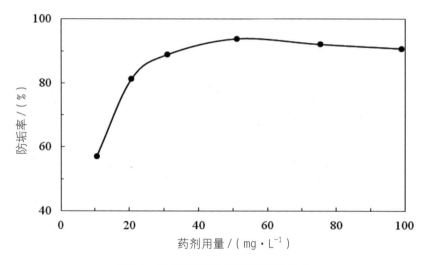

图5.6 防垢剂用量对防垢效果的影响

由图5.6可知，随着防垢剂用量的增加，防垢效果有一定提升，但防垢剂用量超过60 mg/L时，防垢剂用量增加对防垢效果提升有限。因此，在油田油井防垢过程中，可以适当增加防垢剂用量以提高防垢剂防垢效果。

强碱三元复合驱后储层结构变化
及结垢机理研究

5.3 防垢剂的现场应用

5.3.1 防垢剂加药工艺

1.固体防垢球井口加药工艺

（1）工艺原理。把按一定配方加工成型的防垢球装在特制的防垢管柱里，在油井检泵时下入泵下进液管内，化学药剂在流动的液体中溶解后随着产出液体的提升，改变原油中结垢物质之间降集，并在其表面上均匀形成一层活性水膜，使成垢微粒在高分子聚合物的作用下在网络中处于分散状态，延缓成垢离子聚结、沉积、迅速返出地面，从而达到防垢的目的。

（2）原料构成。固体防垢球由表面活性剂、阻垢剂和阻垢分散剂组分等构成。

（3）技术特点。固体防垢球作用时间长、强度高，彻底解决了运输及施工作业过程中的破碎、堵塞等问题。使用固体防垢球以后，不用加药，不用洗井，可以延长检泵周期，减少劳动强度，避免由于洗井引起的油层污染等。

固体防垢球在45～65℃溶解缓慢，油井温度达到70℃以上溶解速度明显加快，温度每升高1℃溶解速度提高4.3倍，在40～45℃的原油中固体防垢球以极慢的速度溶解，在40℃以下的油中实际上不溶解，而大庆油田的地温梯度在3℃/1000 m左右，这样在45～75℃地温梯度条件下地层深度相当于1500～2000 m，固体防垢球管柱下至1500～1800 m比较理想。同时固体防垢球在50℃的油水体系中，可耐15～20 MPa的高压。

2.无动力井口点滴加药工艺

所谓无动力井口加药工艺实际上是以掺水压力与套管压力差作为动力源，利用毛细阻力节流，以弹性胶囊为盛药容器，利用恒定压差井口点滴加药工艺，将防垢剂连续稳定地由套管加至抽油泵的吸入口。在井口安装计量泵和井口连续投加装置，依据油井不同时期的垢成分，选用相匹配的防垢剂进行连续投加。该加药装置是一种无动力新型节能环保装置，其显著特点是加药量和掺水量任意可调，加药均匀，可直达井底，但也受到掺水压力和套压的压差影响。加药装置由钢罐体、进水阀、出水阀、加药阀、储药胶囊、过滤器、节流装置、放空阀、充填阀、保温管和保温箱等部分组成。液体加药一次性加药成本高，而且井内药剂很快抽汲出来，液体点滴加药虽然加药均匀，但存在井口震动大、冬天易冻的问题。该加药装置承载压力3.5 MPa，胶囊一次盛药量45 kg，加药量0.5～15 kg/d，控水阀流量范围1～2.0 m^3/d，最大为2.5 m^3/d。

技术特点主要包括以下几个方面。

（1）结构简单，安装方便。

（2）利用掺水作为动力，节能环保。

（3）后期维护工作量小。

（4）防腐、防冻，使用寿命长。

（5）安装高压变压器无法安装电力控制加药装置的油井可以安装使用。

毛细管内径很小，而防垢剂是具有一定黏性的流体，在细小的管道中以很小的流量流动，其雷诺数很小。防垢剂在毛细管中的流态视为层流，其流动特征符合泊肃叶（Poiseuille）方程。该方程表明，不可压缩牛顿流体在圆管中作层流时，体积流量正比于压降和管半径的四次方，反比与流体的黏度及毛细管长度如下：

$$Q = \frac{\pi \Delta P}{8 \eta L} R^4 = \frac{\Delta P}{Z} \tag{5-3}$$

$$Z = 8 \eta L / \pi R^4 \tag{5-4}$$

式中，Q为体积流量，m^3/s；ΔP为流动压差，Pa；η为动力黏度，Pa·s；L为毛细管长度，m；R为毛细管半径，m；Z为流阻，$N \cdot s/m^5$。

3.动力泵点滴加药工艺

动力泵加药工艺即为利用电力控制加药装置，即电力驱动，通过加药泵将防垢剂注入油井油套环空。

（1）工艺原理。加药车将混配好的防垢剂加至储药罐中，启动加药泵，化学药剂通过加药管线加注到油井油套环空中，加药泵排量根据单井产液量确定的加药浓度设定，实现防垢剂的定量注入。

（2）技术特点。电动式加药工艺的加药量为泵固定排量乘以频次，通过设定不同加药频次可实现加药量调节，加药量调控范围宽（0～960 kg/d），加药量准确度高。由于加药量小，因此计量精度差。电动式加药工艺采用加药泵输送药剂，微电脑控制，与套压、药剂物性等参数无关，可保证连续加药，按照每天设定的次数及每次运行时间进行工作。增压后的化学防垢剂通过装置外部的加热保温输送管路进入油井。当冬季装置内温度低时，可通过控温加热器自动对加药装置进行加热，保证温度为20℃，以防止冬季药液结晶及管线冻结。该加药装置的最大容量为500 L，平均加药周期15天左右，加药精度<1.0%，有效工作寿命5年，操作方便，见表5-5。

表5-5　不同加药方式优缺点对比表

加药方式	优点	缺点	应用井数
固体球加药	设备简单、价格低廉；井下药剂浓度稳定	加药周期相对较短（加药周期7天）适应产液量60t以下的井	16
无动力点滴加药	现场管理工作量小；井下药剂浓度连续稳定；无地面动力设备，维护及防盗性能好不受井场道路影响	对掺水压力的稳定性要求较高	14
动力泵点滴加药	现场管理工作量小；药剂量易控制	地面动力设备存在维护及防盗问题	12

5.3.2　现场实际应用效果

1.不同加药方式应用效果

对于产液量60 t以下的井，采出液防垢剂浓度变化较平稳，固体药球具有较好的缓释效果，平均浓度为25.3 mg/L，对于产液高井，采出液防垢剂浓度较低，未达有效防垢浓度，如图5.7、图5.8所示。

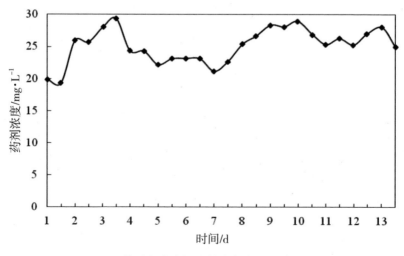

图5.7　X-1井采出液防垢药剂浓度分析（产液量26t/d）

　强碱三元复合驱后储层结构变化及结垢机理研究

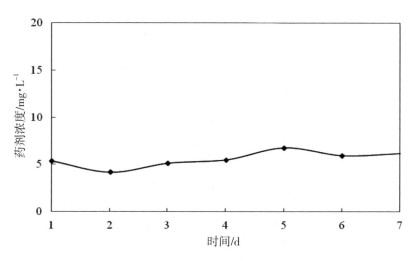

图5.8　X-2井采出液防垢药剂浓度分析（产液量96t/d）

采用无动力加药装置的采油井，采出液防垢剂浓度变化较平稳，平均浓度为61.7 mg/L，达到有效防垢浓度，如图5.9所示。

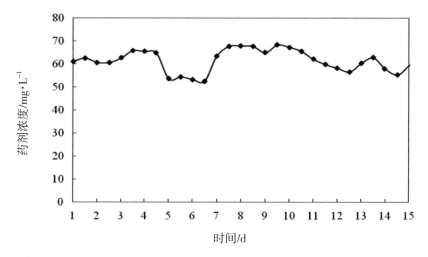

图5.9　X-3井采出液防垢药剂浓度分析(产液量80t/d)

综合三种防垢剂加药方式现场应用数据，整理见表5-6。

表5-6 化学加药装置综合数据表

加药方式	装置费用 10^4元	单井年药剂费用 10^4元	加药前检泵周期 d	加药后运转时间 d	加药周期 d
固体球装置	0.55	1.7	67	320	7
无动力装置	1.8	1.8	137	439	15
动力泵装置	2.5	2.0	123	350	15

可以看出，固体球加药方式在成本方面有明显优势，但在采液量高于60 t/d时效果较差，无动力装置在防垢效果方面优势比较明显。

5.3.2.2 化学防垢剂现场应用效果

图5.10所示为添加防垢剂和未添加防垢剂井口采出液离子浓度变化，由图5.10可知，添加防垢剂的采出液中Ca^{2+}、Ma^{2+}浓度之和随pH的升高而下降速度减缓，说明防垢剂有效地抑制了与CO_3^{2-}的结合，达到了防垢的目的。

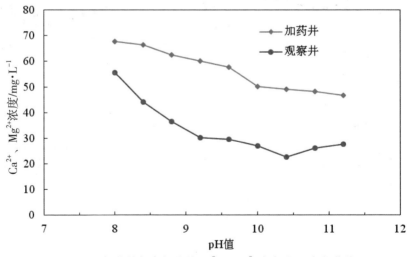

图5.10 加药井与未加药井Ca^{2+}、Ma^{2+}浓度随pH变化曲线

5.4 本章小结

为解决三元复合驱结垢问题，根据三元复合驱采出液pH高、硅离子含量高、所形成的主要是硅垢等特点，研究了三元复合驱化学防垢技术，包括防垢剂的筛选室内性能评价、现场防垢的工艺技术及矿场应用效果评价。可以总结为以下几点：

（1）综合考虑三元复合驱后钙镁垢及硅垢防垢效果，选择SY-401防垢剂，室内实验对钙镁垢及硅垢的防垢率都在80%以上。

（2）钙镁离子、硅离子含量增加时，防垢剂的的防垢效果降低；提高防垢剂用量，能够提高防垢效果。防垢剂用量在50 mg/L时，在温度50℃、钙离子浓度小于50 mg/L、硅离子含量小于300 mg/L模拟防垢体系中对混合垢防垢率在80%以上。

（3）在矿场应用中，无动力加药装置的采油井，采出液防垢剂浓度变化较平稳，平均浓度为61.7 mg/L，可达到有效防垢浓度。添加防垢剂的采出液中Ca^{2+}、Mg^{2+}浓度之和随pH的升高而下降速度减缓，说明防垢剂有效地抑制了与CO_3^{2-}的结合，达到了防垢的目的。

第 6 章

结　论

（1）通过激光共聚焦图像进行剩余油描述，我们将剩余油分布状态定义为3种类型：①束缚态剩余油，包括孔表薄膜状剩余油、颗粒吸附状剩余油和狭缝状剩余油；②半束缚态剩余油，包括角隅状剩余油和喉道状剩余油；③自由态剩余油，包括簇状剩余油和粒间吸附状剩余油。三元复合驱后的天然岩心束缚态剩余油相对百分比含量平均值为78%，而水驱后的天然岩心束缚态剩余油的相对百分比含量平均值为65%，说明对于水驱简单的机械冲刷作用驱替不动的束缚态剩余油，三元复合驱的驱替效果更好。

（2）三元复合驱中的强碱对于地层的伤害不容忽视。激光共聚焦结果表明由于碱对地层岩石矿物的溶蚀等作用，形成大量泥质和细小颗粒，产生了水驱中不存在的粒间吸附状剩余油；三元驱后存在的七种类型剩余油仍然以孔表薄膜状为主，结合轻重组分实验分析，由于重质油在岩石表面的吸附黏滞性更大，更难以被剥离，三元复合驱后地层中重质油所占比例更大。

（3）三元复合驱驱替过程中，在碱液在地下流动过程中溶蚀储层矿物后形成的细小颗粒以及体系中的碱与地层水中的HCO_3^-、Ca^{2+}、Mg^{2+}反应形成的$CaCO_3$、$MgCO_3$等沉淀型颗粒等因素作用下，驱替压力及驱出液颗粒含量均有一个峰值，然后减少，且趋势一致，说明了三元复合驱碱和地层反应对于注入和采出端都有一定的影响。从强碱三元驱前后岩心的储层物性特征变化来看，变化的结果对驱油有利有弊。虽然润湿性总体变化是更加亲水，有利于原油的流动和驱替，但是从扫描电镜的结果可以看出，储层岩石被大面积溶蚀，溶蚀后的细小颗粒以及新生成的小块二氧化硅堵塞喉道，对驱油效果产生不利影响。

（4）从三组倍数不同的扫描电镜实验结果对比可以明显地看

出，三元驱替剂对地层的伤害比较明显。其中，主要组成部分长石和石英溶蚀现象明显，黏土矿物溶蚀也比较严重，孔隙中充填颗粒状物质，矿物表面有小块次生石英生成。根据储层岩石的碱溶机理分析结果，结合对比扫描电镜实验结果可以得出，长石等矿物与碱反应生成的Al、Si垢残留在表面形成细条状，对流体的流动会形成一定的阻碍。在溶蚀过程中，地层中存在大量的硅铝酸盐经与碱的反应，产生浓度较大的硅酸根离子，在地层流体中趋于平衡状态随流体流动。而在生产井附近，由于流体的汇集，硅酸根离子浓度大幅度增加，又因井筒中的温度、压力以及动力学条件发生变化，打破流体中离子的平衡状态，从而产生化学沉淀，并促使硅垢生成。

（5）硅垢的形成过程主要是先生成硅酸单体，然后硅酸单体发生聚合得到多聚硅酸，多聚硅酸经缩聚、脱水反应生成凝胶。不同的是聚合可以是硅酸独自聚合，也可以是硅酸单体附着在其它分子（比如PAM、表活剂分子）上聚合，脱水，最终生成混合垢。各种因素对硅垢形成的影响总结如下：Si^{4+}的初始浓度越高，成垢时间越短，成垢量越多；Ca^{2+}、Mg^{2+}为硅垢的形成提供了晶核，浓度越高硅垢量越多；PAM的聚集作用促进硅垢形成；表活剂的分散作用使硅垢的结构更为复杂，同时也促使硅垢的形成。

（6）硅垢形成过程影响因素如下：

1）溶液中不存在钙、镁、铝离子时，随pH的升高，体系中可溶性硅离子浓度增加，硅垢形成趋势降低。当含有多价离子，体系中$8 \leqslant pH \leqslant 11$（$T=50℃$）时，硅离子的成垢趋势类似，pH的变化对硅垢的形成过程影响并不明显。当溶液$11 \leqslant pH \leqslant 13$（$T=50℃$），硅离子的成垢趋势类似。

2）钙、镁离子的总浓度越高，溶液中可溶性硅离子的浓度越低，越容易形成硅垢；铝离子的存在对于硅离子成垢过程影响不大。

3）溶液中钙、镁、铝离子及聚丙烯酰胺共存时，可溶性硅离子浓度极低，pH在12以下时，硅离子的平衡浓度最高不超过12 mg/L，很容易生成硅垢；溶液中钙、镁、铝离子及表面活性剂共存时，pH对硅离子浓度的变化影响较小，pH在12以下时，硅离子浓度均不超过5 mg/L，易生成硅垢。

（7）室内实验筛选后选择对钙镁垢和硅垢均有良好效果的SY–401防垢剂作为主要研究对象，钙镁离子、硅离子含量增加时，防垢剂的的防垢效果降低；提高防垢剂用量，能够提高防垢效果。防垢剂用量在50 mg/L时，能够在温度50℃、钙离子浓度小于50 mg/L、硅离子含量小于300 mg/L模拟防垢体系中对混合垢防垢率在80%以上。在矿场应用中，无动力加药装置的采油井，采出液防垢剂浓度变化较平稳，平均浓度为61.7 mg/L，可达到有效防垢浓度。添加防垢剂的采出液中Ca^{2+}、Ma^{2+}浓度之和随pH的升高而下降速度减缓，说明防垢剂有效的抑制了与CO_3^{2-}结合，达到了防垢的目的。

参考文献

[1] 唐钢. 三元复合驱驱油效率影响因素研究[D]. 成都：西南石油学院，2005.

[2] 程杰成，吴军政，吴迪. 三元复合驱油技术[M]. 北京：石油工业出版社，2013.

[3] 刘国庆. 系列表面活性剂与储层配伍性研究[D]. 长春：吉林大学，2012.

[4] 曲国辉. 强碱三元复合驱后岩心物性检测及微观剩余油研究[D]. 大庆：东北石油大学，2012.

[5] 宋义敏. 三元复合驱驱油机理及其原油乳状液渗流规律的研究[D]. 阜新：辽宁工程技术大学，2001.

[6] 刘建军，宋义敏，潘一山. ASP三元复合体系驱油微观机理研究[J]. 辽宁工程技术大学学报，2003，3：326-328.

[7] 王庆国. 大庆油田三元复合驱油井清防垢技术研究[D]. 长春：吉林大学，2004.

[8] 宋茹娥. 杏北油田厚油层强碱三元复合驱后剩余油分布研究[D]. 杭州：浙江大学，2011.

[9] 周成裕，萧瑛，张斌. 国内化学驱油技术的研究进展[J]. 日用

化学工业，2011，41（2）：131-135.

[10] 岳湘安，王尤富，王克亮. 提高石油采收率基础[M]. 北京：
石油工业出版社，2007.

[11] HOLBROOK O C. Surfactant-Water Secondary Recovery Process：
US，US3006411A[P]. 1961.

[12] TAYLOR K C, SCHARMN L L. Measurement of short-term low
dynamic interfacial tentions：Application to surfactant enhanced
alkaline flooding in enhanced oil recovery[J]. Colloids and Surfaces，
1990，47：245-253.

[13] NASR-EL-DIN H A, TAYLOR K C. Dynamic interfacial tension
of crude oil/alkali/surfactant systems[J]. Colloids and surfaces，
1992，66（1）：23-37.

[14] SCHULER P J LERNER R M, KUEHNE D L. Improving Chemical
Flood Flood Efficiency with Micelles/Alkaline/Polymer Processes[C]
// the Fifth Symposium on Enhanced Oil Recovery of the Society of
Petroleum Engineers and the Department of Energy，Tulsa，1989.

[15] 刘祥飞. 大庆攻关油田开发核心技术[J]. 国外测井技术，
2008，04：22.

[16] 鞠野. 一元/二元/三元驱油体系微观驱油机理研究[D]. 大庆：
大庆石油学院，2006.

[17] 张学佳，纪巍，康志军，等. 三元复合驱采油技术进展[J]. 杭
州化工，2009（2）：5-8.

[18] CLARK S R, PITTS M I, SMITH S M. Design and application
of an alkaline-surfactant‐polymer recovery system to west Kiehl
Field[J]. Spe Advanced Technology，1993，1（1）：172-179.

[19] 玉宝瑜，曹绪龙，王其伟，等. 孤东小井距三元复合驱现场试验采出液相态变化及组分浓度测定[J]. 油田化学，1994，4：327-330.

[20] 张以根，王友启，屈智坚，等. 孤东油田馆陶组油藏三元复合驱油矿场试验[J]. 油田化学. 1994，11（2）：143-148.

[21] 唐功勋，王海英，许乐寿，等. 黑液驱油的应用研究[J]. 油气采收率技术，1996，01：7-13；82.

[22] 李华斌，李洪富，杨振宇，等. 大庆油田萨中西部三元复合驱矿场试验研究[J]. 油气采收率技术，1999，02：22-26；31；4.

[23] 杨昭菊，付剑. 孤岛油田三元复合驱现场试验[J]. 江汉石油学院学报，2002（1）：62-63.

[24] 吕殿龙，魏云飞，韦旺. 三元复合驱注入剖面测井初探[J]. 测井技术，2002，3：225-228；264.

[25] 王启民，冀宝发，隋军，等. 大庆油田三次采油技术的实践与认识[J]. 大庆石油地质与开发，2001，2：1-8；16-135.

[26] 汪淑娟. 三元复合体系驱油效果影响因素研究[D]. 大庆：大庆石油学院，2004.

[27] 李岩. 北一区断东二类油层强碱体系三元复合驱技术研究[D]. 大庆：大庆石油学院，2008.

[28] 崔成慧. 小量程电磁流量计应用于三元注入工艺[J]. 油气田地面工程，2010（8）：56-57.

[29] 胡占晖. 预置式油井分层流体取样技术研究及应用[J]. 测井技术，2010，4：374-376.

[30] 李红梅. 碱/表面活性剂与聚合物交替注入技术现场应用可行

性研究[J]. 内蒙古石油化工，2014，6：98–99.

[31] 王平美，崔亮三. 调驱用RSP3抗盐聚合物弱凝胶研制[J]. 油田化学，2001（3）：251–254.

[32] 罗健辉，卜若颖，王平美，等. 驱油用抗盐聚合物KYPAM的应用性能[J]. 油田化学，2002，1：64–67.

[33] 罗健辉，卜若颖，白凤鸾，等. 用于提高注水波及体积的抗盐聚合物[J]. 精细与专用化学品，2002，21：45–49.

[34] 李干佐，牟建海，陈锋，等. 天然混合羧酸盐在三次采油和稠油降粘中的应用[J]. 石油炼制与化工，2002（9）：25–28.

[35] 孙立新. 具有三次采油驱油和稠油降粘双功能处理剂的研究与开发[D]. 济南：山东大学，2007.

[36] 李建阁，吴文祥，张丽梅. 耐碱凝胶体系的研制与应用[J]. 科学技术与工程，2010（25）：6172–6176.

[37] 李成东. 聚驱及三元驱注入井洗井返出液回收利用技术研究[D]. 长春：吉林大学，2011.

[38] 古海娟. 三元复合驱封窜堵剂研究[D]. 大庆：东北石油大学，2011.

[39] 王方林，朱南文，夏福军，等. 三元复合驱采出水处理试验研究[J]. 工业水处理，2006（10）：17–19.

[40] 王方林. 强碱体系三元复合驱采出水油水分离特性及处理技术研究[D]. 上海：上海交通大学，2007.

[41] 孙治谦，金有海，王振波，等. 聚结构件结构对重力分离器油水分离性能的影响[J]. 化工学报，2010，9：2386–2392.

[42] 刘书孟. 油田三次采油污水处理技术及回注问题研究[D]. 上海：上海交通大学，2007.

[43] BRETNEY E. Water purifier：US：453105[P]. 1891-03-26.

[44] SVAROVSKY L. Hydrocyclones[M]. Holt，R inehart and W inston，London，1984：1-5.

[45] CLAXTON D，SVAROVSKY L，THEW M. Hydrocyclones '96[M]. London and Bury St. Edmunds：Mechanical Engineering Publications Limited，1996：123-184.

[46] SCHUBET H，NEESE T H. [C]// Proc. Int. Conf. on Hydrocyclones BHRA fluid Eng. Cranfield England. Cambridge，1980：23.

[47] 雒贵明. 复合驱采出乳状液稳定性及破乳理论研究[D]. 杭州：浙江大学，2006.

[48] 徐彬. 三元复合驱采出液分散相油滴聚并机理研究[D]. 天津：天津大学，2008.

[49] VAN DEN TEMPEL M. Stability of oil-in-water emulsions I：The electrical double layer at the oil-water interface[J]. Recueil des Travaux Chimiques des Pays-Bas，1953，72（5）：419-432.

[50] 赵凤玲. 低驱油剂阶段三元复合驱浮选剂[J]. 油气田地面工程，2009（6）：30-31.

[51] 李学军，刘增，赵忠山. 三元复合驱采出液中频脉冲电脱水技术[J]. 油气田地面工程，2007（11）：21-22.

[52] 李学军，孟昭德，王韬. 温度对工业碱液相态变化规律影响的试验[J]. 油气田地面工程，2002，3：34-35.

[53] 何树全，纪鹏荣，赵子龙. 三元复合驱地面系统强碱体系中储罐内防护措施[J]. 全面腐蚀控制，2007（4）：27-30.

[54] 刘晓东，纪鹏荣，何树全，等. 杏二中三元复合驱采出系统腐蚀与防护[J]. 油气田地面工程，2008（2）：66-67.

强碱三元复合驱后储层结构变化
及结垢机理研究

[55] 程杰成，王德民，李群，等. 大庆油田三元复合驱矿场试验动态特征[J]. 石油学报，2002（6）：37–40.

[56] 刘伟成，颜世刚，姜炳南，等. 在用碱的化学驱油中硅铝垢的生成[J]. 油田化学，1996，1：64–67.

[57] 李萍，程祖锋，王贤君，等. 三元复合驱油井中硅垢的形成机理及预测模型[J]. 石油学报，2003（5）：63–66.

[58] BURDYN R F，CHEN H L，COOK E L. Oil recovery by alkaline-surfactant water flood US：4006638：A[P]. 1997–01–25.

[59] HOLM L W，ROBERTSON S D. Improved Micellar–Polymer Flooding With High–pH Chemicals[J]. Journal of petroleum Technology，1981，33（1）：16–172.

[60] HAWKINS B F，TAYLOR K C，NASR–EL–DIN H A. Mechanisms of surfactant and polymer enhanced alkaline flooding：Application to David Loyd Inkster and Wainwright Sparky fields[J]. The Journal of Canadian Petroleum Technology，1994，33（4）：52–63.

[61] YOUSSEF T，VLADIMIR H. Mechanisms for the interactions between acidic oils and surfactant enhanced alkaline solutions[J]. Journal of Colloid and Interface science，1996，177：446–455.

[62] 叶仲斌，彭克宗. 克拉玛依油田三元复合驱相渗曲线研究[J]. 石油学报，2000（1）：49–54.

[63] 胡淑琼，卢祥国，苏延昌，等. 碱、表面活性剂和聚合物对储层溶蚀作用及其机理研究[J]. 油田化学，2013（3）：425–429.

[64] 胡淑琼，李雪，卢祥国，等. 三元复合驱对储层伤害及其作用机理研究[J]. 油田化学，2013，4：575–580.

[65] 张云，卢祥国，陈欣，等. 大庆油田不同区域原油与强碱三元

复合体系作用研究[J]. 油田化学, 2014, 31 (3): 424-428.

[66] 陈新萍, 徐克明, 李睿, 等. 三元复合驱高含硅垢除垢剂的研制[J]. 大庆石油学院学报, 2003, 27 (2): 37-39.

[67] 徐典平, 薛家锋, 包亚臣, 等. 三元复合驱油井结垢机理研究[J]. 大庆石油地质与开发, 2001 (02): 98-100, 139.

[68] 庞仁山. 三元复合驱集输系统淤积及结垢规律研究[D]. 大庆: 东北石油大学, 2013.

[69] 高清河. 油田用绿色高效阻垢分散剂的研究及应用[D]. 大庆: 大庆石油学院, 2006.

[70] HINRICHSEN C J. Preventing Scale Deposition in Oil Production Facilities: An Industry Review[J]. NACE Corrosion, 1998, 98: 125-129.

[71] 陈微. 复合驱化学剂对注入: 采出系统结垢、腐蚀影响的研究[D]. 大庆: 大庆石油学院, 2009.

[72] LEA J F, WELLS M R, BEARDEN J L, et al. Electrical Submersible Pumps: On and Offshore Problems and Solutions[C]// Society of Petroleum Engineers. Veraruz, Mexico: the SPE International Petroleum Conference and Exhibition, 1994.

[73] 隋欣. 三元复合驱硅垢形成规律与主要控制因素研究[D]. 大庆: 大庆石油学院, 2006.

[74] 张世君, 周根先. 油田水处理与检测技术[M]. 郑州: 黄河水利出版社, 2003.

[75] 孙赫. 三元复合驱除垢剂研究[D]. 大庆: 东北石油大学, 2013.

[76] NISHIDA I. Precipitation of calcium carbonate by ultrasonic

强碱三元复合驱后储层结构变化
及结垢机理研究

irradiation [J]. Ultrasonic Sono chemistry，2004，11（6）：423–428.

[77] 韩文静. 油田油水介质下材料结垢机理研究[D]. 大庆：大庆石油学院，2009.

[78] 张秋实，陈微. 大庆油田三元复合驱采出井结垢性质和规律[J]. 新疆石油地质，2010，10（1）：78–80.

[79] 陈园园. 三元复合驱集输系统结垢规律研究[D]. 大庆：东北石油大学，2011.

[80] 唐琳. 强碱三元复合驱注入系统结垢行为研究[D]. 大庆：东北石油大学，2012.

[81] 闫雪，王宝辉. 弱碱三元复合驱硅质垢形成影响因素与机理研究[J]. 南京师范大学学报（工程技术版），2009（3）：42–46.

[82] TAI ANPANG. A theory of polymerization of silica acid[J]. Science in China，1963，12（9）：1311–1320.

[83] ZHU Y，HOU Q，LIU W，et al. Recent Progress and Effects Analysis of ASP Flooding Field Tests[C]//Society of Petroleum Engineers. 2012：SPE151285–MS.

[84] 李士奎，朱焱，赵永胜，等. 大庆油田三元复合驱试验效果评价研究[J]. 石油学报，2005（3）：56–59.

[85] 彭中. 油井结垢机理研究与防治[J]. 内蒙古石油化工，2009（4）：16–18.

[86] 覃玉成. 注水开发油田油层结垢机理及油层伤害[J]. 中国石油和化工标准与质量，2011，31（11）：1673–4076.

[87] DEMIN W，JIECHENG C，JUNZHENG W，et al. Summary of ASP Pilots in Daqing Oil Field[C]//Society of Petroleum Engineers.

1999：SPE 57288-MS.

[88] XU G M. Problems and developing trend of injection-production techniques in ASP flooding[J]. China Petrol Machinery，2009，37（2）：77-80.

[89] WANG Y P，CHENG J C. The scaling characteristics and adaptability of mechanical recovery during ASP flooding[J]. J Daqing Petrol Inst，2003，27（2）：20-22.

[90] 涂仁怀. 国外油井井下设备盐垢防治技术[J]. 江汉石油科技，1997（1）：46-52.

[91] 李金玲，李天德，李睿，等. 三元复合驱硅垢除垢剂在螺杆泵举升井中的应用[J]. 大庆石油学院学报，2005（1）：28-29.

[92] 吴振宁. 浅谈三元复合驱的结垢与防垢[N]. 中国石油报，2005-08-30007.

[93] 赵玲莉. 三元复合驱注采系统化学防垢除垢技术[J]. 油田地面工程，1996，15（5）：37-40.

[94] 贾庆. 三元复合驱采出系统防垢研究[J]. 油气田地面工程，2001（5）：94.

[95] 王芳，吴庆红，刘福海，等. 三元复合驱替过程中防垢实验研究[J]. 钻井液与完井液，2002（1）：15-16.

[96] 莫非，师国臣，王国庆，等. 螺杆泵在三元复合驱井中的抗垢性能分析[J]. 石油机械，2002（8）：66-67.

[97] 李金玲，刘合，袁涛. 三元复合驱采油井用的固体缓释防垢剂[J]. 油田化学，2003（4）：304-306.

[98] 段宏，梁福民，刘兴君，等. 三元复合驱偏心分注技术[J]. 石油钻采工艺，2006，28（2）：62-64.

[99] 石成刚，王国庆，刘锋. 陶瓷功能梯度涂层的防垢机理研究[J]. 石油机械，2006，34（9）：10-13.

[100] 李金玲，李天德，陈修君，等. 强碱三元复合驱结垢对机采井的影响及解决措施[J]. 大庆石油地质与开发，2008，27（3）：89-91.

[101] 骆华锋，林柏松，万德立. 缓释性固体阻垢剂的研制与应用[J]. 腐蚀与防护，2009，30（7）：502-503+505.

[102] 张秋实，陈微. 大庆油田三元复合驱采出井结垢性质和规律[J]. 新疆石油地质，2010，10（1）：78-80.

[103] 陈微，张秋实. 三元复合驱注采系统结垢现状及影响因素分析[J]. 化学工程师，2010，10（12）：44-46.

[104] 赵清敏. 稀有金属钛聚合物防垢防腐油管工艺研究[J]. 化学与粘合，2010，2：68-71.

[105] 褚静. 三元复合驱采出井结垢特点分析[J]. 内蒙古石油化工，2011，218（37）：149-151.

[106] 何英华，李洪涛，姜道华，等. 油田采出系统中空化防垢技术室内研究[J]. 油气田环境保护，2011（6）：27-29.

[107] 王璐. 三元复合驱清防垢措施优化[D]. 大庆：东北石油大学，2013.

[108] NANCOLLA G H, REEDY M M. The crystallization of calcium carbonate II Calcite growth mechanism[J]. Journal of Colloid and Interface Science，1971，37（4）：824-830.

[109] GILL J S, Anderson C D, Varsanik R G, Mechanism of scale inhibition by phosphonstes. [C]// Proc 44th Int Water Conf Pittaburgy：Pa（USA），1983.

[110] PATEL S. NICOL A J. Developing a cooling water inhibitor with multifunctional deposit control properties[J]. Material Performance, 1996, 35（6）: 41.

[111] 孙赫，陈颖，钱慧娟. 油田除垢技术研究进展[J]. 化学试剂, 2012（11）: 991-994.

[112] LISTEWNIKJ, BEZIOUKOV O, NOWIK A. Prace Naukowe Instytutu Te Chniki Cieplnej[J]. Mechahiki Plynow Polite Chikiej, 2000（2）: 120-126.

[113] 全贞花，马重芳，陈永昌，等. 超声波抗垢强化传热技术的研究进展[J]. 应用声学, 2006, 25（1）: 61-64.

[114] 师柱. 三元复合驱油井管道超声波除垢技术研究[D]. 哈尔滨: 哈尔滨工程大学, 2011.

强碱三元复合驱后储层结构变化
及结垢机理研究